Visual FoxPro 6.0

程序设计实训教程

主 编 杨美霞 宗哲玲

航空工业出版社

北京

内 容 提 要

《Visual FoxPro 6.0 程序设计实训教程》是根据全国计算机等级考试（二级）和全国高等学校计算机二级考试的考试大纲与考试题型编写而成的。全书分为上下两篇，包括理论训练和上机操作训练（技能训练）两大部分，理论训练部分根据《Visual FoxPro 6.0 程序设计基础教程》的章节次序划分为 12 个单元，每个单元都汇集了全国计算机等级考试（二级）和全国高等学校计算机二级考试的部分真题，以及与考点紧扣的模拟题。其中，第 12 单元是二级考试的公共基础部分，汇集了数据结构与算法、程序设计、软件工程、数据库设计等考试题型，方便读者全面掌握所学知识。上机操作训练（技能训练）部分共提供了 24 套题，每一套题都由基本操作、简单应用、综合应用三部分组成，是对理论训练前 11 单元内容的具体实践和综合应用，每一套题都配有操作前数据源和操作后数据源以及详细的操作提示，方便读者操作以及检查操作的正确与否。

本书既可作为职业院校数据库基础课程教材，也可作为 Visual FoxPro 考级培训教材。

图书在版编目（ＣＩＰ）数据

Visual FoxPro 6.0 程序设计实训教程 / 杨美霞，宗哲玲主编. -- 北京：航空工业出版社，2011.1
 ISBN 978-7-80243-676-3

Ⅰ. ①Ｖ… Ⅱ. ①杨… ②宗… Ⅲ. ①关系数据库—数据库管理系统，Visual FoxPro 6.0—程序设计—教材
Ⅳ. ①TP311.138

中国版本图书馆 CIP 数据核字(2010)第 251211 号

Visual FoxPro 6.0 程序设计实训教程
Visual FoxPro 6.0 Chengxusheji Shixunjiaocheng

航空工业出版社出版发行
（北京市安定门外小关东里 14 号　100029）
发行部电话：010-64815615　　010-64978486

北京忠信印刷有限责任公司印刷　　　全国各地新华书店经销
2011 年 1 月第 1 版　　　　　　　　2011 年 1 月第 1 次印刷
开本：787×1092　　1/16　　印张：12.5　　字数：312 千字
印数：1—3000　　　　　　　　　　　　　　定价：28.00 元

编 者 的 话

Visual FoxPro 6.0 是高职院校计算机基础课程之一，也是全国计算机等级考试（二级）和全国高等学校计算机二级考试项目之一。

本书主要特色

本书针对全国计算机二级考试和高等学校计算机二级考试，根据最新大纲、结合最新的考试题目将两者有机地结合起来编写而成。采用理论与时间相结合、真题真做的原则，使读者能快速掌握所学知识，并学以致用。

值得一提的是，本书打破了常规 Visual FoxPro 教材的体系，将全国计算机等级考试的公共基础知识（数据结构、软件工程、软件测试等）也纳入本书，并自成章节，使读者一书在手，就可轻松过级。

本书内容介绍

全书分为上下两篇，包括理论训练和上机操作训练（技能训练）两大部分，理论训练部分根据《Visual FoxPro 6.0 程序设计基础教程》的章节次序划分为 12 个单元，每个单元都汇集了全国计算机等级考试（二级）和全国高等学校计算机二级考试的部分真题，以及与考点紧扣的模拟题。其中，第 12 单元是二级考试的公共基础部分，汇集了数据结构与算法、程序设计、软件工程、数据库设计等考试题型，方便读者全面掌握所学知识。

理论训练部分 12 个单元的内容如下：

第 1 单元　练习和掌握数据库和关系数据库的相关概念。

第 2 单元　练习和掌握各种运算符、表达式和函数的使用。

第 3 单元　练习和掌握表的创建、修改等操作。

第 4 单元　练习和掌握数据库的基本操作，以及索引和数据完整性的操作与应用。

第 5 单元　练习和掌握查询和视图的创建与应用。

第 6 单元　练习和掌握 SQL 语言的数据定义、数据操纵和数据查询语句。

第 7 单元　练习和掌握程序的编辑与使用、程序的基本控制结构、模块化程序设计；理解公共变量、私有变量和本地变量的作用域。

第 8 单元　练习和掌握表单的常用属性、事件与方法，掌握表单中各种常用控件的使用方法。

第 9 单元　理解 VFP 菜单系统的概念及相关含义，掌握下拉式菜单和快捷菜单的设计与使用方法。

第 10 单元　认识报表的两个基本组成部分，掌握 3 种创建报表的方法，并能对其进行合理布局、修饰。

第 11 单元　练习和掌握开发数据库应用程序的方法和步骤。

第 12 单元　汇集了数据结构与算法、程序设计、软件工程、数据库设计等考试题型并将其知识核心点作为提示逐一列出，方便读者全面掌握所学知识。

技能训练（上机操作）部分共有 24 套全真上机模拟题，每一套题都由基本操作、简单应用、综合应用三部分组成，是对理论部分前 11 章内容的具体实践和综合应用，每一套题都配有操作前数据源和操作后数据源以及详细的操作提示，方便读者操作以及检查操作的正确与否。

本书使用的全部素材和答案均可到 http://www.bjjqe.com 去下载。如有任何疑问，也可到该网站寻求帮助。

本书由天津现代职业技术学院杨美霞、宗哲玲担任主编，同时参编的还有王宝妍、丁宪杰。由于时间仓促，水平有限，书中难免有疏漏之处，敬请广大专家与读者批评指正。

编　者

2011 年 1 月

目 录

第一部分 理论训练

第二部分 技能训练

第一部分 理论训练

第 1 单元　数据库技术

一、选择题

1. 【国考 2010.3】数据库管理系统中负责数据模式定义的语言是（　　）。
   - A. 数据定义语言
   - B. 数据管理语言
   - C. 数据操纵语言
   - D. 数据控制语言

2. 【国考 2009.9】数据库管理系统是（　　）。
   - A. 操作系统的一部分
   - B. 在操作系统支持下的系统软件
   - C. 一种编译系统
   - D. 一种操作系统

3. 【国考 2010.3】数据库设计中，用 E-R 图来描述信息结构但不涉及信息在计算机中的表示，它属于数据库设计的（　　）。
   - A. 需求分析阶段
   - B. 逻辑设计阶段
   - C. 概念设计阶段
   - D. 物理设计阶段

4. 【国考 2009.4】数据库应用系统中的核心问题是（　　）。
   - A. 数据库设计
   - B. 数据库系统设计
   - C. 数据库维护
   - D. 数据库管理员培训

5. 【国考 2007.4】下列叙述中错误的是（　　）。
   - A. 在数据库系统中，数据的物理结构必须与逻辑结构一致
   - B. 数据库技术的根本目标是要解决数据的共享问题
   - C. 数据库设计是指在已有数据库管理系统的基础上建立数据库
   - D. 数据库系统需要操作系统的支持

6. 【国考 2007.4】Visual FoxPro 是一种（　　）。
   - A. 数据库系统
   - B. 数据库管理系统
   - C. 数据库
   - D. 数据库应用系统

7. 【国考 2006.9】数据库设计的四个阶段是：需求分析、概念设计、逻辑设计和（　　）。
   - A. 编码设计
   - B. 测试阶段
   - C. 运行阶段
   - D. 物理设计

8. 【国考 2009.4】数据库（DB）、数据库系统（DBS）和数据库管理系统（DBMS）三者之间的关系是（　　）。
   - A. DBS 包括 DB 和 DBMS
   - B. DBMS 包括 DB 和 DBS
   - C. DB 包括 DBS 和 DBMS
   - D. DBS 就是 DB，也就是 DBMS

9. 【国考 2008.9】在数据管理技术发展的三个阶段中，数据共享最好的是（　　）。
   - A. 人工管理阶段
   - B. 文件系统阶段
   - C. 数据库系统阶段
   - D. 三个阶段相同

10.【国考2007.9】下列叙述中正确的是（　　）。

A. 数据库系统是一个独立的系统，不需要操作系统的支持

B. 数据库技术的根本目标是要解决数据的共享问题

C. 数据库管理系统就是数据库系统

D. 以上三种说法都不对

11.【国考2006.9】数据库技术的根本目标是要解决数据的（　　）。

A. 存储问题　　　B. 共享问题　　　C. 安全问题　　　D. 保护问题

12.【国考2007.9】下列叙述中正确的是（　　）。

A. 为了建立一个关系，首先要构造数据的逻辑关系

B. 表示关系的二维表中各元组的每一个分量还可以分成若干数据项

C. 一个关系的属性名表称为关系模式

D. 一个关系可以包括多个二维表

13.【国考2006.9】在数据库系统中，用户所见的数据模式为（　　）。

A. 概念模式　　　B. 外模式　　　C. 内模式　　　D. 物理模式

14.【国考2007.4】在关系模型中，每个关系模式中的关键字（　　）。

A. 可由多个任意属性组成

B. 最多由一个属性组成

C. 可由一个或多个其值能唯一标识关系中任何元组的属性组成

D. 以上说法都不对

15.【国考2006.9】操作对象只能是一个表的关系运算是（　　）。

A. 连接和选择　　B. 连接和投影　　C. 选择和投影　　D. 自然连接和选择

16.【国考2008.9】从表中选择字段形成新关系的操作是（　　）。

A. 选择　　　　　B. 连接　　　　　C. 投影　　　　　D. 并

17.【国考2007.4】在下列关系运算中，不改变关系表中的属性个数但能减少元组个数的是（　　）。

A. 并　　　　　　B. 交　　　　　　C. 投影　　　　　D. 笛卡儿乘积

18.【国考2010.3】以下关于关系的说法正确的是（　　）。

A. 列的次序非常重要　　　　　　　B. 行的次序非常重要

C. 列的次序无关紧要　　　　　　　D. 关键字必须指定为第一列

19.【国考2008.9】一间宿舍可住多个学生，则实体宿舍和学生之间的联系是（　　）。

A. 一对一　　　B. 一对多　　　C. 多对一　　　D. 多对多

20.【国考2010.3】在学生管理的关系数据库中，存取一个学生信息的数据单位是（　　）。

A. 文件　　　　B. 数据库　　　C. 字段　　　D. 记录

21.【国考2006.4】"商品"与"顾客"两个实体集之间的联系一般是（　　）。

A. 一对一　　　B. 一对多　　　C. 多对一　　　D. 多对多

22.【国考2008.4】设有表示学生选课的三张表，学生S（学号，姓名，性别，年龄，身份证号），课程C（课号，课名），选课SC（学号，课号，成绩），则表SC的关键字（键或码）为（　　）。

A. 课号，成绩　　　　　　　　　　B. 学号，成绩

　　C. 学号，课号　　　　　　　　　　　D. 学号，姓名，成绩

23.【国考2008.4】在超市营业过程中，每个时段要安排一个班组上岗值班，每个收款口要配备两名收款员配合工作，共同使用一套收款设备为顾客服务，在超市数据库中，实体之间属于一对一关系的是（　　　）。

　　A. "顾客"与"收款口"的关系

　　B. "收款口"与"收款员"的关系

　　C. "班组"与"收款口"的关系

　　D. "收款口"与"设备"的关系

24.【国考2008.4】在教师表中，如果要找出职称为"教授"的教师，所采用的关系运算是（　　　）。

　　A. 选择　　　　B. 投影　　　　C. 连接　　　　D. 自然连接

25.【国考2006.4】在E-R图中，用来表示实体的图形是（　　　）。

　　A. 矩形　　　　B. 椭圆形　　　　C. 菱形　　　　D. 三角形

26.【国考2007.4】在E-R图中，用来表示实体之间联系的图形是（　　　）。

　　A. 矩形　　　　B. 椭圆形　　　　C. 菱形　　　　D. 平行四边形

27.【国考2009.4】将E-R图转换为关系模式时，实体和联系都可以表示为（　　　）。

　　A. 属性　　　　B. 键　　　　C. 关系　　　　D. 域

28.【国考2008.4】在数据库设计中，将E-R图转换成关系数据模型的过程属于（　　　）。

　　A. 需求分析阶段　　　　　　　　　B. 概念设计阶段

　　C. 逻辑设计阶段　　　　　　　　　D. 物理设计阶段

29.【国考2010.3】有两个关系R和T如下：

R				T		
A	B	C		A	B	C
a	1	2		c	3	2
b	2	2		d	3	2
c	3	2				
d	3	2				

则由关系R得到关系T的操作是（　　　）。

　　A. 选择　　　　B. 投影　　　　C. 交　　　　D. 并

30.【国考2009.9】有三个关系R，S，T如下：

R			S			T		
A	B	C	A	B	C	A	B	C
a	1	2	d	3	2	a	1	2
b	2	1				b	2	1
c	3	1				c	3	1
						d	3	2

其中，关系T由关系R和S通过某种操作得到，该操作称为（　　　）。

　　A. 选择　　　　B. 投影　　　　C. 交　　　　D. 并

31.【国考2009.4】有两个关系R，S如下：

R				S	
A	B	C		A	B
a	3	2		a	3
b	0	1		b	0
c	2	1		c	2

由关系R通过运算得到关系S，则所使用的运算为（　　　）。

  A．选择   B．投影   C．插入   D．连接

32.【国考2008.9】有三个关系R、S和T如下：

R		S		T		
A	B	B	C	A	B	C
m	1	1	3	m	1	3
n	2	3	5			

由关系R和S通过运算得到关系T，则所使用的运算为（　　　）。

  A．笛卡儿积 B．交   C．并   D．自然连接

33.【国考2008.4】有三个关系R、S和T如下：

R			S			T		
B	C	D	B	C	D	B	C	D
a	0	k1	f	3	h2	a	0	k1
b	1	n1	a	0	k1			
			b	2	x1			

由关系R和S通过运算得到关系T，则所使用的运算为（　　　）。

  A．并   B．自然连接 C．笛卡儿积 D．交

34.【国考2006.9】设有如下三个关系表

R	S			T		
A	B	C		A	B	C
m	1	3		m	1	3
n				n	1	3

下列操作中正确的是（　　　）。

  A．T=R S   B．T=R S   C．T=R×S   D．T=R/S

35.【国考2008.4】向一个项目中添加一个数据库，应该使用项目管理器的（　　　）。

  A．"代码"选项卡   B．"类"选项卡

  C．"文档"选项卡   D．"数据"选项卡

36.【国考2007.9】在Visual Foxpro中，通常以窗口形式出现，用以创建和修改表、表单、数据库等应用程序组件的可视化工具称为（　　　）。

  A．向导   B．设计器   C．生成器   D．项目管理器

37.【国考2006.9】在Visual FoxPro中，以下叙述正确的是（　　　）。

  A．关系也被称作表单   B．数据库文件不存储用户数据

  C．表文件的扩展名是.DBC   D．多个表存储在一个物理文件中

38. 【国考 2006.9】扩展名为 pjx 的文件是（　　）。

  A．数据库表文件   B．表单文件

  C．数据库文件   D．项目文件

39. 【国考 2006.4】在 Visual FoxPro 中，以下叙述错误的是（　　）。

  A．关系也被称作表   B．数据库文件不存储用户数据

  C．表文件的扩展名是.dbf   D．多个表存储在一个物理文件中

40. 【高校考试】（　　）是存储在计算机内的有结构的数据集合。

  A．网络系统   B．数据库系统

  C．操作系统   D．数据库

41. 【高校考试】在数据库中产生数据不一致的根本原因是（　　）。

  A．数据存储量大   B．没有严格保护数据

  C．未对数据进行完整性控制   D．数据冗余

42. 【高校考试】数据库应用系统包括（　　）。

  A．数据库管理系统、数据库应用系统、数据库

  B．数据库管理系统、数据库管理员、数据库

  C．数据库系统、应用程序系统、用户

  D．数据库管理系统、数据库、用户

43. 【高校考试】在数据库中存储的是（　　）。

  A．数据   B．数据模型

  C．数据以及数据之间的联系   D．信息

44. 【高校考试】数据库的概念独立于（　　）。

  A．现实世界   B．信息世界

  C．具体的机器和 DBMS   D．E-R 图

45. 【高校考试】设有属性 A、B、C、D，以下表示中不是关系的是（　　）。

  A．R(A)   B．R(A,B,C,D)

  C．R(A×B×C×D)   D．R(A,B)

46. 【高校考试】在关系数据库中，用来表示实体和实体之间联系的是（　　）。

  A．层次模型   B．网状模型   C．链指针   D．二维表

47. 【高校考试】关系数据库中可命名的最小数据单位是（　　）。

  A．记录   B．元组   C．属性名   D．关键字

48. 【高校考试】在数据库中，下列说法（　　）是不正确的。

  A．数据库避免了一切数据的重复

  B．若系统是完全可以控制的，则系统可确保更新时的一致性

  C．数据库中数据可以共享

  D．数据库减少了数据的冗余

49. 【高校考试】数据库系统包括（　　）。

  A．数据库管理系统、数据库应用系统、数据库

  B．数据库管理系统、数据库管理员、数据库

  C．数据库系统、应用程序系统、用户

D．数据库管理系统、数据库、用户

50.【高校考试】关系数据库中的关键字是指（　　　）。

　　A．能唯一决定关系的字段　　　　　B．不能改动的专门保留字

　　C．关键的很重要的字段　　　　　　D．能唯一标识元组的属性或属性集合

51.【高校考试】数据库管理系统中用来描述数据结构的功能被称为（　　　）。

　　A．数据定义功能　　　　　　　　　B．数据管理功能

　　C．数据操作功能　　　　　　　　　D．数据控制功能

52.【高校考试】数据库管理系统是（　　　）。

　　A．教学软件　　　　　　　　　　　B．应用软件

　　C．计算机辅助设计　　　　　　　　D．系统软件

53.【高校考试】数据库系统的特点是数据共享、数据独立、（　　　）、避免数据不一致和加强了数据保护。

　　A．数据应用　　　　B．数据存储　　　　C．减少数据冗余　　　　D．数据保密

54.【高校考试】数据库系统的特点是（　　　）、数据独立、减少数据冗余、避免数据不一致和加强了数据保护。

　　A．数据共享　　　　B．数据存储　　　　C．数据应用　　　　D．数据保密

55.【高校考试】数据库系统是由（　　　）全面负责管理和控制的。

　　A．软件系统　　　　　　　　　　　B．软件和硬件系统

　　C．数据库管理员　　　　　　　　　D．数据库管理系统

56.【高校考试】关系模型中，一个关键字（　　　）。

　　A．可由多个任意属性组成

　　B．至多由一个属性组成

　　C．可由一个或多个其值能唯一标识该关系模式中任何元组的属性组成

　　D．以上都不是

57.【高校考试】数据库系统的核心是（　　　）。

　　A．数据库　　　　　　　　　　　　B．数据库管理系统

　　C．数据模型　　　　　　　　　　　D．软件工具

58.【高校考试】数据库具有较高的（　　　）。

　　A．程序与数据可靠性　　　　　　　B．程序与数据完整性

　　C．程序与数据独立性　　　　　　　D．程序与数据一致性

59.【高校考试】同一个关系模型的任意两个元组的值（　　　）。

　　A．不能全同　　　B．可全同　　　C．必须全同　　　D．以上都不是

60.【高校考试】关系模型中的元组对应于数据库表中的（　　　）。

　　A．字段　　　　B．文件　　　　C．记录　　　　D．关键字

61.【高校考试】关系数据模型（　　　）。

　　A．只表示实体间的 1-1 联系　　　　B．只表示实体间的 1-n 联系

　　C．只表示实体间的 m-n 联系　　　　D．可以表示实体间上述三种联系

62.【高校考试】一个关系模型中不同属性的值（　　　）。

　　A．必须来自不同的域　　　　　　　B．可以来自相同的域

C. 来自不同的记录　　　　　　　　D. 以上都不是

63.【高校考试】一个关系数据库文件中的各条记录（　　　）。

A. 前后顺序不能任意颠倒，一定要按照输入的顺序排列

B. 前后顺序可以任意颠倒，不影响库中的数据关系

C. 前后顺序可以任意颠倒，但排列顺序不同，统计处理的结果就可能不同

D. 前后顺序不能任意颠倒，一定要按照关键字值的顺序排列

64.【高校考试】在关系模型中，一个关键字（　　　）。

A. 可由多个任意属性组成

B. 至多由一个属性组成

C. 可由一个或多个其值能唯一标识该关系模式中任何元组的属性组成

D. 以上都不是

65.【高校考试】在数据管理技术的发展过程中，数据独立性最高的是（　　　）。

A. 数据库系统　　　B. 文件系统　　　C. 人工管理　　　D. 数据项管理

66.【高校考试】关系数据库中可命名的最小数据单位是（　　　）。

A. 记录　　　　　　B. 元组　　　　　C. 属性名　　　　D. 关键字

67.【高校考试】对关系模型的错误描述是（　　　）。

A. 建立在严格的数学理论、集合论和谓词公式的基础之上

B. 微机 DBMS 绝大部分采用关系数据模型

C. 不具有连接操作的 DBMS 也可以是关系数据库系统

D. 用二维表表示关系模型是其一大特点

68.【高校考试】（　　　）可以减少相同数据重复存储的现象。

A. 记录　　　　　B. 字段　　　　　C. 文件　　　　　D. 数据库

69.【高校考试】数据库管理系统能实现对数据库中数据的查询、插入、修改和删除等操作，这种操作称为（　　　）。

A. 数据定义功能　　　　　　　　　B. 数据管理功能

C. 数据操作功能　　　　　　　　　D. 数据控制功能

70.【高校考试】实体与实体之间联系有一对一、一对多和多对多三种，其中（　　　）不能描述多对多的联系。

A. 关系模型　　　　　　　　　　　B. 层次模型

C. 网状模型　　　　　　　　　　　D. 网状模型和层次模型

71.【高校考试】在 VFP 中，不属于表与表之间的关系是（　　　）。

A. 一对一关系　　B. 一对多关系　　C. 多对一关系　　D. 多对多关系

72.【高校考试】通过指针连接来表示和实现实体之间联系的模型是（　　　）。

A. 关系模型　　　　B. 层次模型　　　C. 网状模型　　　D. 层次模型和网状模型

73.【高校考试】数据库（DB）、数据库系统（DBS）和数据库管理系统（DBMS）三者之间的关系是（　　　）。

A. DBS 包括 DB 和 DBMS　　　　　B. DBMS 包括 DB 和 DBMS

C. DB 包括 DBS 和 DBMS　　　　　D. DBS 就是 DB，也就是 DBMS

74.【高校考试】数据库系统和文件系统的主要区别是（   ）。

    A．数据库系统复杂，而文件系统简单

    B．文件系统不能解决数据冗余和数据独立性问题，而数据库系统能够解决

    C．文件系统只能管理文件，而数据库系统还能管理其他类型的数据

    D．文件系统只能用于小型机、微型机，而数据库系统还能用于大型机

75.【高校考试】在一个关系中如果有这样一个属性，它的值能唯一地标识关系中的一个元组，则这个属性为（   ）。

    A．主属性   B．关键字   C．数据项   D．主属性值

76.【高校考试】在关系运算中，从表中选择满足某种条件的若干元组的操作是（   ）操作。

    A．选择   B．投影   C．连接   D．扫描

77.【高校考试】在关系数据库中，任何检索操作的实现都是由（   ）三种基本操作组合而成的。

    A．选择、投影和扫描   B．选择、投影和连接

    C．选择、运算和投影   D．选择、投影和比较

78.【高校考试】关系数据库管理系统应能实现的专门关系运算包括（   ）。

    A．排序、索引、统计   B．选择、投影、连接

    C．关联、更新、排序   D．显示、打印、制表

79.【高校考试】在关系运算中，将两个关系中具有共同属性值的元组连接到一起构成新的关系的操作是（   ）操作。

    A．选择   B．投影   C．连接   D．扫描

80.【高校考试】在关系运算中，从表中取出满足条件的属性的操作是（   ）操作。

    A．选择   B．投影   C．连接   D．扫描

81.【高校考试】在 VFP 中，使用项目管理器创建的项目文件的默认扩展名是（   ）。

    A．APP   B．EXE   C．PJX   D．PRG

82.【高校考试】在项目管理器中，可以建立菜单文件的选项卡是（   ）。

    A．数据   B．文档   C．代码   D．其他

83.【高校考试】在项目管理器中，用于显示和管理视图的选项卡是（   ）。

    A．数据   B．文档   C．代码   D．其他

84.【高校考试】项目管理器用于显示和管理数据库、自由表和查询等的选项卡是（   ）。

    A．数据   B．文档   C．代码   D．其他

85.【高校考试】在项目管理器中，可以建立表单文件的选项卡是（   ）。

    A．数据   B．文档   C．类   D．代码

86.【高校考试】在项目管理器中，可以建立命令文件的选项卡是（   ）。

    A．数据   B．文档   C．类   D．代码

87.【高校考试】打开 VFP 项目管理器的"文档"（Docs）选项卡，其中包含（   ）。

    A．表单文件   B．报表文件   C．标签文件   D．以上三种文件

二、填空题

1. 【国考 2010.3】设有学生和班级两个实体，每个学生只能属于一个班级，一个班级可以有多名学生，则学生和班级实体之间的联系类型是_____。

2. 【国考 2010.3】Visual Fox Pro 数据库系统所使用的数据的逻辑结构是_____。

3. 【国考 2009.9】在数据库技术中，实体集之间的联系可以是一对一或一对多或多对多的，那么"学生"和"可选课程"的联系为_____。

4. 【国考 2009.9】在关系操作中，从表中取出满足条件的元组的操作称作_____。

5. 【国考 2009.9】项目管理器的"数据"选项卡用于显示和管理数据库、查询、视图和_____。

6. 【国考 2009.4】数据库系统的核心是_____。

7. 【国考 2009.4】在 E-R 图中，图形包括矩形框、菱形框、椭圆枢。其中，表示实体联系的是_____框。

8. 【国考 2009.4】在 Visual FoxPro 中，SELECT 语句能够实现投影、选择和_____三种专门的关系运算。

9. 【国考 2008.9】在二维表中，元组的_____不能再分成更小的数据项。

10. 【国考 2008.4】在关系数据库中，用来表示实体之间联系的是_____。

11. 【国考 2008.4】在数据库管理系统提供的数据定义语言、数据操纵语言和数据控制语言中，_____负责数据的模式定义与数据的物理存取构建。

12. 【国考 2008.4】数据库系统中对数据库进行管理的核心软件是_____。

13. 【国考 2007.9】在 E-R 图中，矩形表示_____。

14. 【国考 2007.4】在数据库系统中，实现各种数据管理功能的核心软件称为_____。

15. 【国考 2006.9】一个关系表的行称为_____。

16. 【国考 2006.4】在关系模型中，把数据看成是二维表，每一个二维表称为一个_____。

第 2 单元　VFP 语言规范

一、选择题

1.【国考 2010.3】有如下赋值语句，结果为"大家好"的表达式是(　　)。

a="你好"

b="大家"

A．b+AT(a,1)　　　　　　　　B．b+RIGHT(a,1)

C．b+LEFT(a,3,4)　　　　　　D．b+RIGHT(a,2)

2.【国考 2010.3】在下面的 Visual FoxPro 表达式中，运算结果为逻辑真的是(　　)。

A．EMPTY(.NULL.)　　　　　　B．LIKE('xy?','xyz')

C．AT('xy','abbcxyz')　　　　　D．ISNULL(SPACE(0))

3.【国考 2009.9】计算结果不是字符串"Teacher"的语句是(　　)。

A．at("MyTecaher",3,7)　　　　B．substr("MyTecaher",3,7)

C．right("MyTecaher",7)　　　　D．left("Tecaher",7)

4.【国考 2009.9】下列函数返回类型为数值型的是（　　）。

A．STR　　　　B．VAL　　　　C．DTOC　　　　D．TTOC

5.【国考 2008.9】设 a="计算机等级考试"，结果为"考试"的表达式是（　　）。

A．Left(a,4)　　　B．Right(a,4)　　　C．Left(a,2)　　　D．Right(a,2)

6.【国考 2007.9】命令? VARTYPE(TIME())结果是（　　）。

A．C　　　　　B．D　　　　　C．T　　　　　D．出错

7.【国考 2007.9】命令? LEN(SPACE(3)-SPACE(2))的结果是（　　）。

A．1　　　　B．2　　　　C．3　　　　D．5

8.【国考 2007.9】假设在表单设计器环境下，表单中有一个文本框且已经被选定为当前对象。现在从属性窗口中选择 Value 属性，然后在设置框中输入：={ ^ 2001-9-10}-{ ^ 2001-8-20}。请问以上操作后，文本框 Value 属性值的数据类型为：（　　）。

A．日期型　　　　B．数值型　　　　C．字符型　　　　D．以上操作出错

9.【国考 2006.4】设 X="11"，Y="1122"，下列表达式结果为假的是（　　）。

A．NOT(X==y)AND(X$y)　　　　B．NOT(X$Y)OR(X◇Y)

C．NOT(X>=Y)　　　　　　　　D．NOT(X$Y)

10.【国考 2006.4】在下面的 Visual FoxPro 表达式中，运算结果不为逻辑真的是（　　）。

A．EMPTY(SPACE(0))　　　　　B．LIKE('xy*','xyz')

C．AT('xy','abcxyz')　　　　　D．ISNULL(.NUILL.)

11.【国考2009.9】语句 LIST MEMORY LIKE a*能够显示的变量不包括（　　）。

    A．a   B．a1   C．ab2   D．ba3

12.【国考2009.9】下列程序段执行时在屏幕上显示的结果是（　　）。

```
DIME A(6)
A(1)=1
A(2)=1
FOR I=3 TO 6
    A(I)=A(I-1)+A(I-2)
NEXT
? A(6)
```

    A．5   B．6   C．7   D．8

13.【国考2008.9】说明数组后，数组元素的初值是

    A．整数0   B．不定值   C．逻辑真   D．逻辑假

14.【国考2007.9】要想将日期型或日期时间型数据中的年份用4位数字显示，应当使用设置命令（　　）。

    A．SET CENTURY ON   B．SET CENTURY OFF

    C．SET CENTURY TO 4   D．SET CENTURY OF 4

15.【国考2006.9】从内存中清除内存变量的命令是（　　）。

    A．Release   B．Delete   C．Erase   D．Destroy

16.【国考2006.9】设 X=6<5，命令? VARTYPE(X)的输出是（　　）。

    A．N   B．C   C．L   D．出错

17.【国考2006.4】执行如下命令序列后，最后一条命令的显示结果是（　　）。

```
DIMENSION M(2,2)
M(1,1)=10
M(1,2)=20
M(2,1)=30
M(2,2)=40
? M(2)
```

    A．变量未定义的提示   B．10   C．20   D．.F.

18.【国考2006.4】在 Visual FoxPro 中，宏替换可以从变量中替换出（　　）。

    A．字符串   B．数值   C．命令   D．以上三种都可能

19.【高校考试】下面4个关于日期或日期时间的表达式中，错误的是（　　）。

    A．{^2002.09.01 11:10:10AM }-{^2001.09.01 11:10:10AM }

    B．{^01/01/2002}+20

    C．{^2002.02.01}+{^2001.02.01}

    D．{^2000/02/01}-{^2001/02/01}

20.【高校考试】在以下四组函数运算中，结果相同的是（　　）。

    A．LEFT("Visual FoxPro",6)与 SUBSTR("Visual FoxPro",1,6)

    B．YEAR(DATE())与 SUBSTR(DTOC DATE(),7,2)

C. VARTYPE("36-5*4") 与 VARTYPE(36-5*4)

D. 假定 A="this",B="is a string",则 A+B 与 A-B

21.【高校考试】已知 D1 和 D2 为日期型变量，下列 4 个表达式中非法的是（　　）。

A. D1-D2　　　B. D1+D2　　　C. D1+28　　　D. D1-38

22.【高校考试】下列数据中，不属于字符型常量的是（　　）。

A. {75.75}　　　B. [75.75]　　　C. "75.75"　　　D. '75.75'

23.【高校考试】设 ZG="中华人民共和国"，则? SUBSTR(ZG,LEN(ZG)/2-2,4)的结果为（　　），? ROUND(LEN(ZG)/10,0)的结果为（　　），? MOD(LEN(ZG),-3) 的结果为（　　）。

A. 中华，−1，1　　　　　　　B. 人民，1，−1

C. 共和，1，−1　　　　　　　D. 和国，1，−1

24.【高校考试】设 M=[22+28]，则执行命令 ?M 后屏幕将显示（　　）。

A. 50　　　B. 22+28　　　C. [22+28]　　　D. 50.00

25.【高校考试】函数? MOD(10,3)，? MOD(10,-3)和? MOD(-10,3)的显示结果分别为（　　）、（　　）和（　　）。

A. −1，−2，2　　　　　　　B. 1，−2，2

C. −2，1，−1　　　　　　　D. 2，1，1

26.【高校考试】表达式 VAL(SUBS("高等学校 2 级考试",9,1))*LEN("数据库")的结果是（　　）。

A. 10　　　B. 12　　　C. 14　　　D. 15

27.【高校考试】命令?STR(1000.50)执行后的显示结果应为（　　）。

A. 1000　　　B. 1000.50　　　C. 1000.5　　　D. 1001

28.【高校考试】设系统日期为 2003 年 12 月 31 日，表达式 VAL(SUBSTR("1999", 3)+RIGHT(STR (YEAR(DATE())), 2))+17 的值是（　　）。

A. 9920. 00　　　B. 19920.00　　　C. 99920.00　　　D. 2119.00

29.【高校考试】设系统日期为 2003 年 12 月 31 日，? DAY(DATE())的结果为（　　）。

A. 2003　　　B. 12　　　C. 30　　　D. 31

30.【高校考试】下列数据中，不属于数值型常量的是（　　）。

A. −10000　　　B. 10000　　　C. 10，000　　　D. 1E5

31.【高校考试】下列选项中可以得到字符型数据的是（　　）。

A. DATE()　　　　　　　　B. TIME()

C. YEAR(DATE())　　　　　　D. MONTH(DATE())

32.【高校考试】逻辑表达式? ROUND(123.456,0)<INT(123.456)的结果是（　　）。

A. .F.　　　B. .T.　　　C. F　　　D. T

33.【高校考试】设系统日期为 2003 年 12 月 31 日，表达式:RIGHT(STR(YEAR(DATE())),2) 的值是（　　）。

A. 20　　　B. 00　　　C. 03　　　D. 2003

34.【高校考试】下列函数中，错误的是（　　）。

A. MIN(56,99/12/10)　　　　　B. ABS(99/12/10)

C. CTOD(10/12/99)　　　　　D. EXP(10/12/99)

35.【高校考试】有以下语句：store "This is Visual FoxPro6.0 中文版"to c，则以下三条语句？ATC("fox",c)，？AT("fox",c)和？AT("is",c,3)的显示结果分别为（　　），（　　）和（　　）。

  A．0，16，10　　　　　　　　　　B．16，0，10

  C．10，10，1　　　　　　　　　　D．出错，出错，出错

36.【高校考试】下列 4 个表达式中，运算结果是数值的是（　　）。

  A．"8888"-"1111"　　　　　　　　B．8+2=10

  C．CTOD([11/22/04])-20　　　　　D．LEN(SPACE(3))-1

37.【高校考试】假设 A="VisualFoxPro"，则表达式 LOWER(LEFT(A,3)+SUBSTR(A,5,1))的值为（　　）。

  A．visa　　　　　B．VISA　　　　　C．vfp　　　　　D．VFP

38.【高校考试】执行以下三条命令？ROUND(PI(),3)、？CEILING(PI())和？FLOOR(PI())，其显示结果分别为（　　）、（　　）、（　　）。

  A．3.141，2，2　　　　　　　　　B．3.142，4，3

  C．3.140，4，2　　　　　　　　　D．3.0，0，出错

39.【高校考试】函数？MOD(10,3)，？MOD(10,-3)和？MOD(-10,3)的显示结果分别为（　　）、（　　）、（　　）。

  A．−1，−2，2　　　　　　　　　　B．1，−2，2

  C．−2，1，−1　　　　　　　　　　D．2，1，1

40．【高校考试】有以下语句：store "This is Visual FoxPro6.0" to C，则语句？STUFF(C,9,6,"a")的结果为（　　），语句？ATC("fox",C)的结果为（　　），语句？AT("is",C,3)的结果为（　　）。

  A．This is FoxPro6.0，　0，　10

  B．This is a FoxPro6.0，　16，　10

  C．This is a Visual FoxPro6.0，　0，　6

  D．This is FoxPro6.0，　出错，　0

41.【高校考试】已知 A=123，B='A'，C='B'，则 TYPE(A)的值为（　　），TYPE(B)的值为（　　），TYPE(C)的值为（　　）。

  A．语法错，N，C　　　　　　　　B．N，N，D

  C．.F.，N，C　　　　　　　　　　D．123，A，B

42.【高校考试】设系统日期为 2003 年 12 月 31 日，表达式 YEAR(DATE())结果的数据类型是（　　）。

  A．字符　　　　　B．数值　　　　　C．日期　　　　　D．日期时间

43.【高校考试】执行 x=val("123.45")，y=vartype(123.45)和 z=str(123.45,6,0)三条语句后，变量 x 的类型是（　　）；变量 y 的类型是（　　）；变量 z 的类型是（　　）。

  A．字符型，字符型，字符型　　　　B．日期型，数值型，字符型

  C．数值型，数值型，字符型　　　　D．逻辑型，数值型，数值型

44.【高校考试】在下面的数据类型中默认为.F.的是（　　）。

  A．数值型　　　　B．字符型　　　　C．逻辑型　　　　D．日期型

45.【高校考试】下列说法中正确的是（　　）。

    A．若函数不带参数，则调用时函数名后面的圆括号可以省略

    B．若函数有多个参数，则各参数间应用空格隔开

    C．调用函数时，参数的类型、个数和顺序不一定要一致

    D．调用函数时，函数名后面的圆括号无论有无参数都不可以省略

46.【高校考试】在表 DBMO.dbf 中包含备注型字段，该表中所有备注型字段的内容均存储在备注文件（　　）中。

    A．DBMO.FMT   B．DBMO.TXT

    C．DBMO.FPT   D．DBMO.BAT

47.【高校考试】在表 DBMO.DBF 中包含有备注型字段和通用型字段，它们的内容存放在（　　）。

    A．一个备注文件和一个通用文件中 B．一个备注文件中

    C．不同的备注文件中   D．一个通用文件中

48.【高校考试】Visual FoxPro 中自动给出备注型的宽度是（　　）。

    A．1   B．2   C．4   D．8

49.【高校考试】在 VFP 中自动给出通用型的宽度是（　　）。

    A．1   B．2   C．4   D．8

50.【高校考试】在 Visual FoxPro 中，存储图像的字段类型应该是（　　）。

    A．备注型   B．通用型   C．字符型   D．双精度型

51.【高校考试】VFP 内存变量的数据类型不包括（　　）。

    A．数值型   B．货币型   C．备注型   D．逻辑型

52.【高校考试】已知 D1 和 D2 为日期型变量，下列 4 个表达式中非法的是（　　）。

    A．D1－D2   B．D1+D2   C．D1+28   D．D1－38

53.【高校考试】不能用（　　）和通用型字段构造索引表达式创建索引。

    A．字符型   B．数值型   C．备注型   D．日期型

54.【高校考试】在逻辑运算中，依照哪一个运算原则（　　）。

    A．NOT-AND-OR   B．NOT-OR-AND

    C．AND-OR-NOT   D．OR-AND-NOT

55.【高校考试】当一个表达式中同时含有算术运算符、逻辑运算和关系运算时，运算优先级由低到高的顺序为（　　）。

    A．逻辑运算—关系运算—算术运算 B．算术运算—关系运算—逻辑运算

    C．逻辑运算—算术运算—关系运算 D．算术运算—逻辑运算—关系运算

56.【高校考试】设字段变量"工作日前"为日期型，"工资"为数值型，则要想表达"工龄大于 30 年，工资高于 1500、低于 1800"这一命题，其表达式是（　　）。

    A．工龄>30.AND.工资>1500. AND.工资<1800

    B．工龄>30.AND.工资>1500. OR.工资<1800

    C．INT((DATE()-工作日前)/365)>30.AND.工资>1500. AND.工资<1800

    D．INT((DATE()-工作日前)/365)>30.AND.工资>1500. OR.工资<1800

57.【高校考试】"婚否"为逻辑型字段变量，"出生日期"为日期型字段变量，判断满30岁且未婚的表达式为（　　　）。

    A．.NOT.婚否.AND.INT((DATE()-出生日期)/365)>=30

    B．.NOT.婚否.AND.INT((DATE()-出生日期)/365)>30

    C．婚否.AND.INT((DATE()-出生日期)/365)>=30

    D．婚否.AND.INT((DATE()-出生日期)/365)>30

58.【高校考试】职工数据库中有 D 型字段"出生日期"，要计算职工的整数实足年龄，应当使用的命令是（　　　）。

    A．? DATE()－出生日期/365

    B．? (DATE()－出生日期)/365

    C．? INT((DATE()－出生日期)/365)

    D．? ROUND((DATE()－出生日期)/365)

59.【高校考试】清除当前内存中所有除了以 D 字母开头且变量名仅有三个字符的内存变量，应使用命令（　　　）。

    A．RELEASE ALL EXCEPT D??

    B．RELEASE ALL LIKE D??

    C．CLEAR ALL EXCEPT D??

    D．CLEAR ALL LIKE D??

60.【高校考试】在命令窗口中执行命令 X=5 后，则默认该变量的作用域是（　　　）。

    A．全局   B．局部   C．私有   D．不定

61.【高校考试】假定 X 为 N 型变量，Y 为 C 型变量，则下列选项中符合 VFP 语法要求的表达式是（　　　）。

    A．.NOT.X>=Y   B．Y*2>10   C．X.100   D．STR(X)-Y

62.【高校考试】设 M=[22+28]，则执行命令 ?M 后屏幕将显示（　　　）。

    A．50   B．22+28   C．[22+28]   D．50.00

63.【高校考试】将变量名以字母 B 开头的内存变量存入内存变量文件 SV 所使用的命令为（　　　）。

    A．SAVE TO SV ALL LIKE B*

    B．SAVE TO SV LIKE B*

    C．SAVE TO SV ALL LIKE B?

    D．SAVE TO SV LIKE B?

64.【高校考试】顺序执行下列命令后，屏幕最后显示的结果是（　　　）。

```
a=9
b="a"
?TYPE("&b")
```

    A．N   B．C   C．D   D．U

65.【高校考试】设 X=123，Y=456，Z="X+Y"，则表达式 6+&Z 的值是（　　　）。

    A．6+&Z   B．6+X+Y   C．585   D．错误提示

66.【高校考试】给数值型内存变量 X、Y 赋值的正确表达式是（　　　）。

  A．X=0，Y=0   B．STORE 0 TO X, Y

  C．STORE X, Y TO 0   D．X=Y=0

67.【高校考试】如果一个表中有 8 条记录，当 EOF( ) 为真时，则当前记录号为（　　　），当 BOF( ) 为真时，则当前记录号为（　　　）。

  A．8，0   B．9，0

  C．8，1   D．9，1

68.【高校考试】当前记录号可用函数（　　　）求得。

  A．EOF()   B．BOF()   C．ROW()   D．RECNO()

69.【高校考试】设当前表文件中有 20 条记录，若当前记录号为 1，则? BOF() 的结果为（　　　）；? RECNO() 的结果为（　　　）；当 EOF() 为真时，则当前记录号为（　　　）。

  A．.T.，1，20   B．.F.，1，20

  C．.T.或.F.，1，21   D．无值，21，21

二、填空题

1.【国考 2009.9】在 Visual FoxPro 中，表示时间 2009 年 3 月 3 日的常量应写为＿＿＿＿。

2.【国考 2009.4】常量{^2009-10-01,15:30:00}的数据类型是＿＿＿＿。

3.【国考 2008.9】LEFT("12345.6789",LEN("子串"))的计算结果是＿＿＿＿。

4.【国考 2008.4】在 Visual FoxPro 中，使用 LOCATE ALL 命令按条件对表中的记录进行查找，若查不到记录，函数 EOF()的返回值应是＿＿＿＿。

5.【国考 2007.4】? AT("EN", RIGHT("STUDENT", 4))的执行结果是＿＿＿＿。

6.【国考 2006.4】表达式{^2005-1-3 10：0：0}—{^2005-10-3 9：0：0}的数据类型是＿＿＿＿。

7.【国考 2006.4】在 Visual FoxPro 中，将只能在建立它的模块中使用的内存变量称为＿＿＿＿。

第 3 单元　表的操作

一、选择题

1.【国考 2009.4】在 Visual FoxPro 中，关系数据库管理系统所管理的关系是（　　）。
    A．一个 DBF 文件　　　　　　　　B．若干个二维表
    C．一个 DEC 文件　　　　　　　　D．若干个 DBC 文件

2.【国考 2010.3】在 Visual FoxPro 中，"表" 是指（　　）。
    A．报表　　　　　B．关系　　　　　C．表格控件　　　　　D．表单

3.【国考 2009.4】以下关于空值（NULL 值）叙述正确的是（　　）。
    A．空值等于空字符串　　　　　　　　　　B．空值等同于数值 0
    C．空值表示字段或变量还没有确定的值　　D．Visual FoxPro 不支持空值

4.【国考 2007.4】在 Visual FoxPro 中，对于字段值为空值（NULL）叙述正确的是（　　）。
    A．空值等同于空字符串　　　　　　　　B．空值表示字段还没有确定值
    C．不支持字段值为空值　　　　　　　　D．空值等同于数值 0

5.【国考 2008.4】如果内存变量和字段变量均有变量名 "姓名"，那么引用内存的正确方法是（　　）。
    A．M.姓名　　　　　B．M_>姓名　　　　　C．姓名　　　　　D．A 和 B 都可以

6.【国考 2010.3】假设表文件 TEST.DBF 已经在当前工作区打开，要修改其结构，可使用的的命令（　　）。
    A．MODI STRU　　　　　　　　B．MODI COMM TEST
    C．MODI DBF　　　　　　　　　D．MODI TYPE TEST

7.【国考 2010.3】为当前表中的所有学生的总分增加 10 分，可以使用的命令是（　　）。
    A．CHANGE 总分 WITH 总分+10
    B．REPLACE 总分 WITH 总分+10
    C．CHANGE ALL 总分 WITH 总分+10
    D．REPLACE ALL 总分 WITH 总分+10

8.【国考 2010.3】假设职员表已在当前工作区打开，其当前记录的 "姓名" 字段值为 "李彤"（C 型字段）。在命令窗口输入并执行如下命令：
  姓名=姓名-"出勤"
  ? 姓名
屏幕上会显示（　　）。
    A．李彤　　　　　　　　　　B．李彤 出勤
    C．李彤出勤　　　　　　　　D．李彤-出勤

9.【国考 2009.4】对表 SC（学号 C（8），课程号 C（2），成绩 N（3），备注 C（20）），可以插入的记录是（　　　　）。

    A．（'20080101','c1','90',NULL）

    B．（'20080101','cl',90,'成绩优秀'）

    C．（'20080101','cl','90','成绩优秀'）

    B．（'20080101','cl','79','成绩优秀'）

10.【国考 2008.4】要为当前表所有性别为"女"的职工增加 100 元工资,应使用命令（　　　　）。

    A．REPLACE ALL　工资　WITH　工资+100

    B．REPLACE　工资　WITH　工资+100 FOR　性别="女"

    C．REPLACE ALL　工资　WITH　工资+100

    D．REPLACE ALL　工资　WITH　工资+100 FOR　性别="女"

11.【国考 2008.4】MODIFY STRUCTURE 命令的功能是（　　　　）。

    A．修改记录值　　　　　　　　　　B．修改表结构

    C．修改数据库结构　　　　　　　　D．修改数据库或表结构

12.【国考 2007.9】有关 ZAP 命令的描述,正确的是（　　　　）。

    A．ZAP 命令只能删除当前表的当前记录

    B．ZAP 命令只能删除当前表的带有删除标记的记录

    C．ZAP 命令能删除当前表的全部记录

    D．ZAP 命令能删除表的结构和全部记录

13.【高校考试】在 VFP 中,表结构中逻辑型字段的宽度默认为（　　　　）。

    A．1　　　　　　B．2　　　　　　C．4　　　　　　D．8

14.【高校考试】在 Visual FoxPro 中,表结构中日期型字段的宽度默认为（　　　　）。

    A．1　　　　　　B．2　　　　　　C．4　　　　　　D．8

15.【高校考试】在 VFP 中,表结构中通用型字段的宽度默认为（　　　　）。

    A．1　　　　　　B．2　　　　　　C．4　　　　　　D．8

16.【高校考试】在 VFP 中,表结构中日期时间型字段的宽度默认为（　　　　）。

    A．1　　　　　　B．2　　　　　　C．4　　　　　　D．8

17.【高校考试】在 Visual FoxPro 中,一个表文件中多个备注型（MEMO）字段的内容存放在（　　　　）。

    A．这个表文件中　　　　　　　　　B．一个备注文件中

    C．多个备注文件中　　　　　　　　D．一个文本文件中

18.【高校考试】对自由表而言,不允许有重复值的索引是（　　　　）。

    A．主索引　　　　B．候选索引　　　　C．普通索引　　　　D．唯一索引

19.【高校考试】设当前数据库中有 10 条记录,在下列三种情况:当前记录号为 1 时、EOF（　）为真时和 BOF（　）为真时,命令?RECN()的结果分别是（　　　　）。

    A．1，11，1　　　B．1，10，1　　　C．1，11，0　　　D．1，10，0

20.【高校考试】VFP 6.0 中,每个表最多可包含的字段数为（　　　　）。

    A．128　　　　　B．254　　　　　C．255　　　　　D．254 或 255

21.【高校考试】用一维数组中的值替换当前表当前记录指定字段的值的命令是（　　　　）。

    A．APPEND FROM　　　　　　　　B．GATHER FROM

    C．REPLACE　　　　　　　　　　　D．SCATTER TO

22.【高校考试】假设执行命令 CREATE TABLE TT(AA C(6), BB I NULL, CC N(6,2), DD G)创建了表文件 TT，为表 TT 输入 5 条记录，再将记录指针指向首记录，然后顺序执行命令 DIMENSION YY(2)和 SCATTER TO YY，则数组 YY 含有（　　　　）个数组元素。

    A．2　　　　　　B．3　　　　　　C．4　　　　　　D．5

23.【高校考试】数组 M(3,4)含 12 个数组元素，其数组元素 M(2,3)的下标还可以用（　　　　）表示。

    A．3　　　　　　B．4　　　　　　C．7　　　　　　D．12

24.【高校考试】定义数组 M(3,7)后，数组各元素的默认值为（　　　　）。

    A．不确定　　　　B．NULL　　　　C．.F.　　　　D．.T.

25.【高校考试】数组 N(10)的起始下标为（　　　　）。

    A．0　　　　　　B．1　　　　　　C．10　　　　　　D．随机产生

26.【高校考试】使用 BROWSE 命令浏览表时，NOMODIFY 子句的作用是（　　　　）。

    A．不允许修改表中数据，但可以追加和删除记录

    B．不允许修改表中数据，不允许追加记录，但允许删除记录

    C．不允许修改表中数据，不允许删除记录，但允许追加记录

    D．不允许修改表中数据，不允许追加和删除记录

27.【高校考试】假设当前表文件中 NAME 字段为字符型，要以同名字符型内存变量 NAME 的值替代当前记录的 NAME 字段的值，应使用的命令是（　　　　）。

    A．NAME= NAME　　　　　　　　B．REPLACE NAME WITH NAME

    C．NAME=M.NAME　　　　　　　　D．REPLACE NAME WITH M.NAME

二、填空题

1.【国考 2010.3】在 Visual FoxPro 中，职工表 EMP 中包含有通用型字段，表中通用型字段中的数据均存储到另一个文件中，该文件名为＿＿＿＿＿＿＿。

2.【国考 2008.4】在基本表中，要求字段名＿＿＿＿＿＿＿重复。

3.【国考 2008.4】在 Visual FoxPro 中，在当前打开的表中物理删除带有删除标记记录的命令是＿＿＿＿＿＿＿。

4.【国考 2007.9】在 Visual FoxPro 中修改表结构的非 SQL 命令是＿＿＿＿＿＿＿。

5.【国考 2006.9】不带条件的 DELETE 命令（非 SQL 命令）将删除指定表的＿＿＿＿＿＿＿记录。

第 **4** 单元 数据库的基本操作

一、选择题

1.【国考 2009.9】在数据库中建立表的命令是（　　　）。
   A．CREATE　　　　　　　　　　B．CREATE DATABASE
   C．CREATE QUERY　　　　　　　D．CREATE FORM

2.【国考 2008.9】CREATE DATABASE 命令用来建立（　　　）。
   A．数据库　　　B．关系　　　C．表　　　　　　D．数据文件

3.【国考 2009.9】在表设计器的字段选项卡中，字段有效性的设置中不包括（　　　）。
   A．规则　　　　B．信息　　　C．默认值　　　D．标题

4.【国考 2007.9】数据库表的字段有效性规则是（　　　）。
   A．逻辑表达式　　　　　　　　B．字符表达式
   C．数字表达式　　　　　　　　D．以上三种都有可能

5.【国考 2007.4】在 Visual FoxPro 中，数据库表的字段或记录的有效性规则的设置可以在（　　　）。
   A．项目管理器中进行　　　　　B．数据库设计器中进行
   C．表设计器中进行　　　　　　D．表单设计器中进行

6.【国考 2009.4】在 Visual FoxPro 中，下面描述正确的是（　　　）。
   A．数据库表允许对字段设置默认值
   B．自由表允许对字段设置默认值
   C．自由表或数据库表都允许对字段设置默认值
   D．自由表或数据库表都不允许对字段设置默认值

7.【国考 2009.4】执行 USE sc IN 0 命令的结果是（　　　）。
   A．选择 0 号工作区打开 sc 表
   B．选择空闲的最小号工作区打开 sc 表
   C．选择第 1 号工作区打开 sc 表
   D．显示出错信息

8.【国考 2007.9】命令 SELECT 0 的功能是（　　　）。
   A．选择编号最小的未使用工作区　　B．选择 0 号工作区
   C．关闭当前工作区的表　　　　　　D．选择当前工作区

9.【国考 2009.4】在 Visual FoxPro 中，每一个工作区中最多能打开数据库表的数量是（　　　）。
   A．1 个　　　　　　　　　　B．2 个
   C．任意个，根据内存资源而确定　　D．35535 个

10.【国考2007.9】下面有关数据库表和自由表的叙述中，错误的是（　　）。

    A．数据库表和自由表都可以用表设计器来建立

    B．数据库表和自由表都支持表间联系和参照完整性

    C．自由表可以添加到数据库中成为数据库表

    D．数据库表可以从数据库中移出成为自由表

11.【国考2007.4】在 Visual FoxPro 中，以下叙述正确的是（　　）。

    A．表也被称作表单

    B．数据库文件不存储用户数据

    C．数据库文件的扩展名是 DBF

    D．一个数据库中的所有表文件存储在一个物理文件中

12.【国考 2010.3】如果指定参照完整性的删除规则为"级联"，则当删除父表中的记录时（　　）。

    A．系统自动备份父表中被删除记录到一个新表中

    B．若子表中有相关记录，则禁止删除父表中记录

    C．会自动删除子表中所有相关记录

    D．不作参照完整性检查，删除父表记录与子表无关

13.【国考2009.4】在 Visual ForPro 中，有关参照完整性的删除规则正确的描述是（　　）。

    A．如果删除规则选择的是"限制"，则当用户删除父表中的记录时，系统将自动删除子表中的所有相关记录

    B．如果删除规则选择的是"级联"，则当用户删除父表中的记录时，系统将禁止删除与子表相关的父表中的记录

    C．如果删除规则选择的是"忽略"，则当用户删除父表中的记录时，系统将不负责检查子表中是否有相关记录

    D．上面三种说法都不对

14.【国考2008.4】参照完整性规则的更新规则中"级联"的含义是（　　）。

    A．更新父表中连接字段值时，用新的连接字段自动修改子表中的所有相关记录

    B．若子表中有与父表相关的记录，则禁止修改父表中连接字段值

    C．父表中的连接字段值可以随意更新，不会影响子表中的记录

    D．父表中的连接字段值在任何情况下都不允许更新

15.【国考2007.4】在 Visual FoxPro 中，下面关于索引的正确描述是（　　）。

    A．当数据库表建立索引以后,表中的记录的物理顺序将被改变

    B．索引的数据将与表的数据存储在一个物理文件中

    C．建立索引是创建一个索引文件，该文件包含有指向表记录的指针

    D．使用索引可以加快对表的更新操作

16.【国考2007.4】在 Visual FoxPro 中，在数据库中创建表的 CREATE TABLE 命令中定义主索引的短语是（　　）。

    A．FOREIGN KEY   B．DEFAULT

    C．PRIMARY KEY   D．CHECK

17.【国考 2009.4】在 Visual FoxPro 中，若所建立索引的字段值不允许重复，并且一个表中只能创建一个，这种索引应该是（　　　）。

　　A．主索引　　　　　B．唯一索引　　　　C．候选索引　　　　D．普通索引

18.【国考 2007.9】已知表中有字符型字段职称和姓别，要建立一个索引，要求首先按职称排序、职称相同时再按性别排序，正确的命令是（　　　）。

　　A．INDEX ON 职称＋性别 TO ttt　　　　B．INDEX ON 性别＋职称 TO ttt

　　C．INDEX ON 职称,性别 TO ttt　　　　　D．INDEX ON 性别,职称 TO ttt

19.【国考 2007.4】在 Visual FoxPro 中，假定数据库表 S（学号，姓名，性别，年龄）和 SC（学号，课程号，成绩）之间使用"学号"建立了表之间的永久联系，并且在参照完整性的更新规则、删除规则和插入规则中都设置了"限制"。如果表 S 所有的记录在表 SC 中都有相关联的记录，则（　　　）。

　　A．允许修改表 S 中的学号字段值　　　　B．允许删除表 S 中的记录

　　C．不允许修改表 S 中的学号字段值　　　D．不允许在表 S 中增加新的记录

20.【国考 2007.4】在 Visual FoxPro 的数据库表中只能有一个（　　　）。

　　A．候选索引　　　B．普通索引　　　　　C．主索引　　　　D．唯一索引

21.【国考 2006.4】不允许出现重复字段值的索引是（　　　）。

　　A．候选索引和主索引　　　　　　　　　B．普通索引和唯一索引

　　C．唯一索引和主索引　　　　　　　　　D．唯一索引

22.【国考 2006.4】打开数据库的命令是（　　　）。

　　A．USE　　　B．USE DATABASE　　　C．OPEN　　　　D．OPEN DATABASE

23.【高校考试】关于数据库文件正确的描述是（　　　）。

　　A．数据库文件也是一个表

　　B．数据库文件不是一个表

　　C．数据库文件是存储着若干数据库的结构文件

　　D．数据库文件由多个表组成

24.【高校考试】以下可以关闭所有打开的数据库和表的命令是（　　　）。

　　A．CLEAR ALL　　　　　　　　　　　B．USE

　　C．CLOSE TABLES ALL　　　　　　　　D．CLOSE DATEBASE ALL

25.【高校考试】CLOSE TABLE ALL 命令被执行后（　　　）。

　　A．当前数据库被关闭

　　B．所有打开的数据库被关闭

　　C．除当前数据库以外的打开的数据库被关闭

　　D．所有打开的数据库仍处于打开状态

26.【高校考试】若要执行某个命令后被操作的表仍可被其他数据库使用，应使用的命令是（　　　）。

　　A．DROP TABLE　　　　　　　　　　　B．DROP TABLE DELETE

　　C．REMOVE TABLE　　　　　　　　　　D．REMOVE TABLE DELETE

27.【高校考试】CLOSE TABLES ALL 命令的含义是（　　　）。

　　A．关闭当前数据库中的所有表及当前工作区中的自由表

    B．关闭所有打开数据库中的所有表及所有工作区的自由表

    C．关闭当前数据库中的所有表及所有工作区中的自由表

    D．关闭所有打开数据库中的所有表及当前工作区中的自由表

28．【高校考试】以下不能关闭数据库的命令是（　　　）。

    A．CLOSE　ALL　　　　　　　　　B．CLOSE　DATABASE

    C．CLOSE　DATABASE　ALL　　　D．CLOSE　TABLES　ALL

29．【高校考试】数据库创建后将保存在扩展名为（　　　）的数据库文件中。

    A．.DBF　　　　　B．.DBT　　　　　C．.DBC　　　　　D．.BAS

30．【高校考试】设置参照完整性在（　　　）。

    A．数据库设计器　　　　　　　　B．查询设计器

    C．数据表设计器　　　　　　　　D．视图设计器

31．【高校考试】在数据库中产生数据不一致的根本原因是（　　　）。

    A．数据存储量大　　　　　　　　B．没有严格保护数据

    C．未对数据进行完整性控制　　　D．数据冗余

32．【高校考试】要打开数据库表（　　　）打开它所在的数据库。

    A．必须　　　　　B．不需　　　　　C．先要　　　　　D．不可以

33．【高校考试】以下可以关闭所有打开数据库和表的命令是（　　　）。

    A．CLEAR ALL　　　　　　　　　B．USE

    C．CLOSE TABLES ALL　　　　　D．CLOSE DATEBASE ALL

34．【高校考试】在数据库设计器中，不能完成的操作是（　　　）。

    A．添加表　　　　B．删除表　　　　C．建立表的关系　　　D．建立表的连接

35．【高校考试】在 VFP 中，表与表之间的完整性规则应遵循（　　　）。

    A．关系完整性　　　B．参照完整性　　　C．实体完整性　　　D．域完整性

36．【高校考试】设置参照完整性不包括的规则是（　　　）。

    A．插入规则　　　B．更新规则　　　C．删除规则　　　D．修改规则

37．【高校考试】设置参照完整性的规则是为了（　　　）。

    A．不允许插入　　　　　　　　　B．不允许更新

    C．不允许删除　　　　　　　　　D．控制数据的一致性，保持已定义的表间关系

38．【高校考试】在 VFP 中，完整性规则可分为（　　　）。

    A．域完整性和参照完整性　　　　B．域完整性和关系完整性

    C．关系完整性和参照完整性　　　D．数据库完整性

39．【高校考试】用命令 INDEX on 姓名 TAG index_name OF index_TAB 建立索引，其索引类型是（　　　）。

    A．唯一索引　　　B．主索引　　　C．普通索引　　　D．候选索引

40．【高校考试】必须对表文件进行索引操作后才可以使用的命令（　　　）。

    A．SEEK　　　　B．REPLACE　　　　C．LOCATE　　　D．SUM

41．【高校考试】打开一张表时，（　　　）索引文件将自动打开，表关闭时它将自动关闭。

    A．非结构单　　　B．非结构复合　　　C．结构复合　　　D．复合

42.【高校考试】用命令 INDEX on 姓名 TAG index_name CANDIDATE 建立索引，索引文件类型是（　　）。

    A．压缩文件   B．单索引文件

    C．结构复合索引文件   D．非结构复合索引文

43.【高校考试】打开一个表文件，并且将该表的"课程名"索引设为当前主控索引，要求查找课程名为"英语"的记录，应使用命令（　　）。

    A．SEEK 课程名   B．LOCATE 英语

    C．FIND "英语"   D．SEEK "英语"

44.【高校考试】若表文件已设置"姓名"为主控索引，要查询字符型内存变量 name 中的值（其值为"王芳"），正确的操作为（　　）。

    A．FIND name   B．SEEK 王芳

    C．SEEK &name   D．FIND &name

45.【高校考试】索引文件中的标识名最多由（　　）个字数字或下划线组成。

    A．5   B．6   C．8   D．10

46.【高校考试】当一个表定义了主索引或候选索引后，下列描述正确的是（　　）。

    A．可以使用 VFP 的 INSERT 和 APPEND 及 INSERT-SQL 命令向表插入记录

    B．只能使用 VFP 的 INSERT 和 APPEND 命令向表插入记录

    C．只能使用 INSERT-SQL 命令向表插入记录

    D．不能使用 VFP 的 INSERT 和 APPEND 及 INSERT-SQL 命令向表插入记录

47.【高校考试】用命令"INDEX on 姓名 TAG index_name OF index_TAB"建立索引，索引文件类型是（　　）。

    A．压缩文件   B．单索引文件

    C．非结构复合索引文件   D．结构复合索引文件

48.【高校考试】Visual FoxPro 支持两类索引文件，即（　　）。

    A．结构单索引文件和非结构单索引文件

    B．非结构复合索引文件和结构复合索引文件

    C．单索引文件和结构索引文件

    D．非结构单索引文件和复合索引文件

49.【高校考试】对于自由表而言，不允许有重复值的索引是（　　）。

    A．主索引   B．候选索引   C．普通索引   D．唯一索引

50.【高校考试】用命令 INDEX on 姓名 TAG index_name 建立索引，其索引类型是（　　）。

    A．唯一索引   B．主索引   C．普通索引   D．候选索引

51.【高校考试】数据库表的索引共有（　　）种。

    A．6   B．4   C．3   D．2

52.【高校考试】在学生档案表中，其中含有字段班级编号（BJ，N，1）、出生日期（CSRQ，D）、性别（XB，C，2），要实现多字段索引，使用命令 INDEX STR(BJ)+XB+DTOC(CSRQ) TAG XUESH，索引表达式的含义是（　　）。

    A．先按班级编号升序排序，同班的同学再按性别顺序升序排序，性别相同时再按出生日期顺序升序排序

  B．先按班级编号降序排序，同班的同学再按性别顺序降序排序，性别相同时再按出生日期顺序降序排序

  C．先按班级编号降序排序，同班的同学再按出生日期顺序降序排序，出生日期相同时再按性别顺序降序排序

  D．先按班级编号升序排序，同班的同学再按出生日期顺序升序排序，出生日期相同时再按性别顺序升序排序

53.【高校考试】如要实现多字段排序，即先按班级(BJ,N,1)顺序排序，同班的同学再按出生日期(CSRQ,D)顺序排序，同班且出生日期也相同的再按性别(XB,C,2)顺序排序，其索引表达式为（　　）。

  A．BJ+CSRQ+XB   B．STR(BJ)+DTOC(CSRQ)+XB

  C．STR(BJ)+(CSRQ)+XB   D．BJ+DTOC(CSRQ)+XB

54.【高校考试】在 VFP 中，用 INDEX 命令建立索引文件时，"关键字表达式"可以由多个字段组成，"关键字表达式"是（　　）的依据。

  A．索引排序   B．打开索引   C．删除索引   D．设置当前索引

55.【高校考试】执行命令"INDEX ON 姓名 TAG index_name"建立索引后，下列叙述错误的是（　　）。

  A．此命令建立的索引是当前有效索引

  B．此命令所建立的索引将保存在.idx 文件中

  C．表中记录按索引表达式升序排序

  D．此命令的索引表达式是"姓名"，索引名是当前有效索引"index_name"

56.【高校考试】已知 xs 表的结构复合索引中已创建 xh 字段的普通索引，索引标识为 xh，在没有设置主控索引的情况下，要用 seek 命令定位到学号"98010"的记录上，则该命令为（　　）。

  A．SEEK "98010" ORDER TAG xh   B．SEEK "98010" ORDER TAG 2

  C．SEEK "98010" ORDER TO xh   D．SEEK "98010" ORDER xh

57.【高校考试】用命令 INDEX on 姓名 TAG index_name OF index_TAB 建立索引，其索引类型是（　　）。

  A．唯一索引   B．主索引   C．普通索引   D．候选索引

58.【高校考试】结构复合索引文件的文件名（　　），它随表的打开而打开。

  A．需要重新命名

  B．与表的文件名相同

  C．其主文件名与表的主文件名相同，扩展名为.CDX

  D．其主文件名与表的主文件名相同，扩展名为.IDX

59.【高校考试】在数据库表中字段值不能重复的索引有（　　）种。

  A．一   B．两   C．三   D．四

60.【高校考试】用命令 INDEX on 姓名 TAG index_name CANDIDATE 建立索引，其索引类型是（　　）。

  A．唯一索引   B．主索引   C．普通索引   D．候选索引

61.【高校考试】数据库表的索引类型有主索引、唯一索引、候选索引和（　　）。

    A．单索引　　　　　　　　　　　　B．结构索引

    C．复合索引　　　　　　　　　　　　D．普通索引

62.【高校考试】用命令 INDEX on 姓名 TAG index_name 建立索引，索引文件类型是（　　）。

    A．压缩文件　　　　　　　　　　　　B．单索引文件

    C．非结构复合索引文件　　　　　　　D．结构复合索引文件

63.【高校考试】索引是按某种规则对记录进行逻辑排序，当表文件建立索引后，记录在表中的物理存储（　　）。

    A．升序排列　　　　　　　　　　　　B．随索引顺序而改变

    C．并未发生变化　　　　　　　　　　D．降序排列

64.【高校考试】在数据库中，若为两个表创建一对多关系的永久关系，则父表与子表于相应字段建立的索引类型错误的是（　　）。

    A．主索引和普通索引　　　　　　　　B．候选索引和普通索引

    C．主索引和候选索引　　　　　　　　D．主索引和唯一索引

65.【高校考试】数据库创建后将保存在扩展名为（　　）的数据库文件中。

    A．.DBF　　　　　B．.DBT　　　　　C．.DBC　　　　　D．.BAS

66.【高校考试】用命令 INDEX on 姓名 TAG index_name OF index_TAB 建立索引，索引文件类型是（　　）。

    A．压缩文件　　　　　　　　　　　　B．单索引文件

    C．非结构复合索引文件　　　　　　　D．结构复合索引文件

67.【高校考试】FIND 查找的索引关键字类型只能是（　　）。

    A．字符型和数值型　　　　　　　　　B．数值型和逻辑型

    C．字符型和备注型　　　　　　　　　D．日期型和通用型

68.【高校考试】用命令 INDEX ON 姓名 TAG index_name 建立索引，索引文件类型是（　　）。

    A．压缩文件　　　　　　　　　　　　B．单索引文件

    C．非结构复合索引　　　　　　　　　D．结构复合索引

69.【高校考试】下面有关索引正确的是（　　）。

    A．建立索引以后，原来的数据库表文件中的记录的物理顺序将被改变

    B．索引与数据库表的数据存储在一个文件中

    C．创建索引是创建一个指向数据库表文件记录的指针构成的文件

    D．使用索引并不能加快对表的查询操作

70.【高校考试】下列关于索引的描述中，不正确的是（　　）。

    A．结构和非结构复合索引文件的扩展名均为.CDX

    B．结构复合索引文件随表的打开而自动打开

    C．一个数据库表仅能创建一个主索引和一个唯一索引

    D．结构复合索引文件中的索引在表中的字段修改时，自动更新

71.【高校考试】在 VFP 中，主关键字的值不能为空，即不能为（　　）。

    A．NULL　　　　B．{}　　　　　C．""　　　　　D．0

72.【高校考试】索引文件中的标识名最多由（　　）个字数字或下划线组成。

    A. 5   B. 6   C. 8   D. 10

73.【高校考试】不必对表文件进行排序和索引就可以使用的命令（　　）。

    A. TOTAL   B. FIND   C. SUM   D. SEEK

74.【高校考试】假设执行命令 CREATE TABLE TT(AA C(6),BB I NULL,CC N(6,2),DD G) 创建了表文件 TT，则该表记录的长度是（　　）字节。

    A. 20   B. 21   C. 22   D. 23

75.【高校考试】假如两个自由数据表 zg.dbf 和 gz.dbf 各有 10 条记录，执行下列命令后当前的记录指针值是（　　）。

```
SELECT B
USE zg
GO 5
SELECT A
USE gz
LIST
SELECT 2
? RECNO()
```

    A. 11   B. 1   C. 5   D. 10

76.【高校考试】如果两个自由数据表 zg.dbf 和 gz.dbf 各有 10 条记录，执行下列命令序列后当前的记录指针值是（　　）。

```
SELECT B
USE zg
GO 5
SELECT A
USE gz
LIST
? RECNO()
```

    A. 11   B. 1   C. 5   D. 10

77.【高校考试】执行命令 INDEX on 姓名 TAG index_name 建立索引后，下列叙述错误的是（　　）。

    A. 命令建立的索引是当前有效索引

    B. 命令所建立的索引将保存在.idx 文件中

    C. 表中记录按索引表达式升序排序

    D. 命令的索引表达式是"姓名"，索引名是"index_name"

78.【高校考试】可以为字段设置默认值的表是（　　）。

    A. 自由表

    B. 数据库表

    C. 自由表和数据库表

    D. 都不可以

79.【高校考试】在 VFP 中，我们可以将打开的表及其索引、多个表之间的联系等状态保存到（　　）。

　　A．扩展名为.DBF 的文件中　　　　　　B．扩展名为.TXT 的文件中

　　C．扩展名为.VUE 的文件中　　　　　　D．扩展名为.DBC 的文件中

80.【高校考试】浏览工作区的使用情况可以使用的命令是（　　）。

　　A．USE SELECT　　　　B．SET　　　　C．SELECT　　　　D．USE

81.【高校考试】在 VFP 中，使用命令 select 0 功能是（　　）。

　　A．选择标号为 0 的工作区　　　　　　B．选择标号为 1 的工作区

　　C．选择标号为最小的工作区　　　　　　D．选择标号为空闲的最小的工作区

82.【高校考试】只有两个表的字段都满足关联条件时，才能将记录选入应选择的关联类型是（　　）。

　　A．完全连接　　　B．内部连接　　　C．左连接　　　D．右连接

83.【高校考试】表文件及其索引文件（.idx）已打开，要确保记录指针定位在记录号为 1 的记录上，应使用的命令（　　）。

　　A．go top　　　　B．go bof()　　　C．go 1　　　D．skip 1

84.【高校考试】在数据库设计器中，用连接索引的线段建立的表之间的关系表示（　　）。

　　A．临时关系　　　　　　　　　　B．永久关系

　　C．不能取消的关系　　　　　　　D．以上都不是

85.【高校考试】在 VFP 中，可以使用的工作区号数目（　　）。

　　A．1　　　　B．10　　　　C．254　　　　D．32767

86.【高校考试】在 Visual FoxPro 中，可以使用命令（　　）选择工件区。

　　A．use　　　　B．select　　　C．set order to　　　D．open

87.【高校考试】使用 SELECT B 选择的工作区标号是（　　）。

　　A．选择标号为 2 的工作区　　　　　　B．选择标号为 11 的工作区

　　C．选择用户别名为 B 的工作区　　　　D．选择标号为 B 的工作区

88.【高校考试】以索引方式打开表文件时，记录指针指向（　　）。

　　A．第一条记录　　　　　　　　　B．最后一条记录

　　C．随机某一条记录　　　　　　　D．键值最小或最大的记录

89.【高校考试】下面有关多表操作的错误表述是（　　）。

　　A．每个工作区可以拥有自己的工作区别名

　　B．工作区的别名都是系统规定的

　　C．工作区的别名可以由用户定义

　　D．使用工作区标号与对应的工作区别名是等价的

90.【高校考试】下面有关多表操作的错误表述是（　　）。

　　A．每个工作区都拥有自己独立的记录指针

　　B．每个工作区都可以存在打开的表文件

　　C．当前打开的表文件只有一个

　　D．当前打开的表文件可以有多个

91.【高校考试】下面有关多表操作的正确表述是（　　　　）。

    A．多个工作区可以打开同一个表文件

    B．可以操作非当前打开的表文件

    C．可以使用非当前打开的表文件的数据

    D．当前打开的表文件可以有多个

92.【高校考试】关于自由表和数据表的正确描述是（　　　　）。

    A．自由表和数据表可以互相转化

    B．自由表一旦转化为数据表就不能再转化为自由表

    C．数据表是建立数据库时建立的表

    D．存储自由表文件和数据库表文件的扩展名不同

93.【高校考试】下面有关多表操作的错误表述是（　　　　）。

    A．每个工作区可以拥有自己的工作区别名

    B．工作区的别名都是系统规定的

    C．工作区的别名可以由用户定义

    D．使用工作区标号与对应的工作区别名是等价的

94.【高校考试】下面有关多表操作的正确表述是（　　　　）。

    A．多个工作区有同一个记录指针

    B．可以操作非当前打开的表文件记录指针

    C．可以使非当前打开的表文件的记录指针实现联动

    D．非当前打开的表文件的记录指针不可以实现联动

95.【高校考试】可同时打开的表文件数是（　　　　）。

    A．10   B．128   C．32767   D．32768

二、填空题

1.【国考 2010.3】有一个学生选课的关系，其中学生的关系模式为：学生（学号，姓名，班级，年龄），课程的关系模式为：课程（课号，课程名，学时），其中两个关系模式的键分别是学号和课号，则关系模式选课可定义为：选课（学号，_____，成绩）。

2.【国考 2010.3】为表建立主索引或候选索引可以保证数据的_____完整性。

3.【国考 2010.3】在 Visual FoxPro 中，建立数据库表时，将年龄字段值限制在 18~45 岁之间的这种约束属于_____完整性约束。

4.【国考 2010.3】在 SQL 语言中，用于对查询结果计数的函数是_____。

5.【国考 2009.9】人员基本信息一般包括：身份证号，姓名，性别，年龄等，其中可以作为主关键字的是_____。

6.【国考 2009.9】在 Visual Foxpro 中的"参照完整性"中，"插入规则"包括的选择是"限制"和_____。

7.【国考 2009.4】所谓自由表就是那些不属于任何_____的表。

8.【国考 2009.4】在 Visual FoxPro 中，LOCATE ALL 命令按条件对某个表中的记录进行查找，若查不到满足条件的记录，函数 EOF（）的返回值应是_____。

9.【国考 2009.4】在 Visual FoxPro 中，设有一个学生表 STUDENT，其中有学号、姓名、年龄、性别等字段，用户可以用命令"_____年龄　WITH　年龄+1"将表中所有学生的年龄增加一岁。

10.【国考 2008.9】SELECT * FROM student_____FILE student 命令将查询结果存储在 student.txt 文本文件中。

11.【国考 2008.9】每个数据库表可以建立多个索引，但是_____索引只能建立 1 个。

12.【国考 2007.4】数据库表上字段有效性规则是一个_____表达式。

第 **5** 单元 查询与视图

一、选择题

1.【国考 2010.3】以下关于视图的描述正确的是（　　）。

    A．视图和表一样包含数据　　　　　　B．视图物理上不包含数据

    C．视图定义保存在命令文件中　　　　D．视图定义保存在视图文件中

2.【国考 2006.9】删除视图 myview 的命令是（　　）。

    A．DELETE myview VIEW　　　　　　B．DELETE myview

    C．DROP myview VIEW　　　　　　　D．DROP VIEW myview

3.【国考 2010.3】以下关于查询的正确描述是（　　）。

    A．不能根据自由表建立查询　　　　　B．只能根据自由表建立查询

    C．只能根据数据库表建立查询　　　　D．可以根据数据库表和自由表建立查询

4.【国考 2009.9】以下关于"查询"的正确描述是（　　）。

    A．查询文件的扩展名为 PRG　　　　　B．查询保存在数据库文件中

    C．查询保存在表文件中　　　　　　　D．查询保存在查询文件中

5.【国考 2007.4】 在 Visual FoxPro 中，以下关于查询的描述正确的是（　　）。

    A．不能用自由表建立查询　　　　　　B．只能使用自由表建立查询

    C．不能用数据库表建立查询　　　　　D．可以用数据库表和自由表建立查询

6.【国考 2009.9】以下关于"视图"的正确描述是（　　）。

    A．视图独立于表文件　　　　　　　　B．视图不可更新

    C．视图只能从一个表派生出来　　　　D．视图可以删除

7.【国考 2008.9】关于视图和查询，以下叙述正确的是（　　）。

    A．视图和查询都只能在数据库中建立

    B．视图和查询都不能在数据库中建立

    C．视图只能在数据库中建立

    D．查询只能在数据库中建立

8.【国考 2008.9】下面关于数据环境和数据环境中两个表之间关联的陈述中，正确的是（　　）。

    A．数据环境是对象，关系不是对象

    B．数据环境不是对象，关系是对象

    C．数据环境是对象，关系是数据环境中的对象

    D．数据环境和关系都不是对象

9.【国考 2008.4】可以运行查询文件的命令是（　　　）。

　　A．DO　　　　B．BROWSE　　　　C．DO QUERY　　　　D．CREATE QUERY

10.【国考 2008.4】SQL 语句中删除视图的命令是（　　　）。

　　A．DROP TABLE　　　　　　B．DROP VIEW

　　C．ERASE TABLE　　　　　　D．ERASE VIEW

11.【国考 2008.4】在查询设计器环境中，"查询"菜单下的"查询去向"命令指定了查询结果的输出去向，输出去向不包括（　　　）。

　　A．临时表　　　B．表　　　　C．文本文件　　　D．屏幕

12.【国考 2007.9】在视图设计器中有，而在查询设计器中没有的选项卡是（　　　）。

　　A．排序依据　　　B．更新条件　　　C．分组依据　　　D．杂项

13.【国考 2007.9】在使用查询设计器创建查询是，为了指定在查询结果中是否包含重复记录（对应于 DISTINCT），应该使用的选项卡是（　　　）。

　　A．排序依据　　　B．连接　　　C．筛选　　　D．杂项

14.【国考 2006.9】以下关于"视图"的描述正确的是（　　　）。

　　A．视图保存在项目文件中　　　　B．视图保存在数据库中

　　C．视图保存在表文件中　　　　　D．视图保存在视图文件中

15.【国考 2006.4】在 Visual FoxPro 中，以下叙述正确的是（　　　）。

　　A．利用视图可以修改数据　　　　B．利用查询可以修改数据

　　C．查询和视图具有相同的作用　　D．视图可以定义输出去向

16.【国考 2006.4】以下关于"查询"的描述正确的是（　　　）。

　　A．查询保存在项目文件中　　　　B．查询保存在数据库文件中

　　C．查询保存在表文件中　　　　　D．查询保存在查询文件中

17.【高校考试】关于视图的正确描述是（　　　）。

　　A．视图是在查询的基础上建立的

　　B．视图是在自由表的基础上建立的

　　C．视图是在数据库表的基础上建立的

　　D．视图既可以在自由表的基础上建立，也可以在数据库表的基础上建立

18.【高校考试】在（　　　）中可选择"连接"条件类型。

　　A．数据库设计器　　　　　　B．查询设计器

　　C．数据表设计器　　　　　　D．参照完整性生成器

19.【高校考试】在 VFP 中，利用查询设计器设计的查询结果可以保存到（　　　）中。

　　A．视图　　　　B．视图文件　　　C．查询文件　　　D．表

20.【高校考试】在 VFP 中，关于视图的正确说法是（　　　）。

　　A．视图与数据库表相同，用来存储数据

　　B．视图不能同数据库表进行连接操作

　　C．在视图上不能进行更新操作

　　D．视图是从一个或多个数据库表导出的虚拟表

21.【高校考试】在 VFP 中，建立一个视图文件是用来保存（　　　）。

　　A．查询的结果　　　　　　　B．数据工作区设置的环境

C．数据库表的工作环境　　　　D．自由表的工作环境

22．【高校考试】关于视图的正确描述是（　　）。

A．视图和数据库表完全相同

B．视图和自由表完全相同

C．视图只能查询数据

D．视图既能查询数据，又能更新数据

23．【高校考试】查询设计器和视图设计器的主要不同表现在于（　　）。

A．查询设计器有"更新条件"选项卡，但不能设置"查询去向"

B．查询设计器没有"更新条件"选项卡，但可以设置"查询去向"

C．视图设计器没有"更新条件"选项卡，但可以设置"查询去向"

D．视图设计器有"更新条件"选项卡，但不能设置"查询去向"

24．【高校考试】视图设计器中不能设置的，但查询设计器中可以设置的是（　　）。

A．筛选条件　　B．排序依据　　C．分组依据　　D．查询去向

25．【高校考试】在 VFP 中，我们可以将打开的表及其索引、多个表之间的联系等状态保存到（　　）。

A．视图　　　　B．视图文件　　C．文本文件　　D．表

26．【高校考试】在 VFP 中，关于视图的错误说法是（　　）。

A．视图与表类，但它用来查询数据

B．视图中的数据源可以是数据库中的表或视图或自由表

C．利用视图可以进行数据更新操作

D．视图与表类似，我们也可以利用表设计器修改其结构

27．【高校考试】视图设计器中，不包括在查询设计器中的选项卡是（　　）。

A．字段　　　　B．筛选　　　　C．更新条件　　D．连接

28．【高校考试】在 VFP 中，利用查询设计器设计的查询设置可以保存到（　　）中。

A．扩展名为.QPR 的文件中　　　　B．扩展名为.VUE 的文件中

C．扩展名为.DBT 的文件中　　　　D．扩展名为.DBC 的文件中

29．【高校考试】在 VFP 中，利用查询设计器设计的查询结果可以保存到（　　）中。

A．视图　　　　B．视图文件　　C．查询文件　　D．表

30．【高校考试】多表查询必须设定的选项卡为（　　）。

A．字段　　　　B．筛选　　　　C．更新条件　　D．连接

31．【高校考试】查询设计器中"连接"选项卡对应的 SQL 短语是（　　）。

A．WHERE　　B．JOIN　　　　C．SET　　　　D．OROER BY

32．【高校考试】下面有关于视图的描述正确的是（　　）。

A．可以使用 MODIFY STRUCTURE 命令修改视图的结构

B．视图不能删除，否则影响原来的数据文件

C．视图是对表的复制产生的

D．使用视图进行查询时必须首先打开该视图所在的数据库

33．【高校考试】如果要在屏幕上直接看到查询结果，"查询去向"应该选择（　　）。

A．屏幕　　　　　　　　　　B．浏览

C．临时表或屏幕　　　　　　　　D．浏览或屏幕

34.【高校考试】下面关于"查询"描述正确的是（　　　）。

A．可以使用 create view 打开查询设计器

B．使用查询设计器可以生成所有的 SQL 查询语句

C．使用查询设计器生成的 SQL 语句存盘后将存放在扩展名为 QPR 的文件中

D．使用 do 语句执行查询时，可以不带扩展名

35.【高校考试】以下关于"查询"描述正确的是（　　　）

A．不能根据自由表建立查询　　　　B．只能根据数据库表建立查询

C．只能根据自由表建立查询　　　　D．可以根据数据库表和自由表建立查询

36.【高校考试】在 Visual Foxpro 中，关于视图的正确描述是（　　　）。

A．视图仅具有查询的功能

B．视图不仅具有查询的功能，还可以修改数据并使原表随之更新

C．创建视图与创建查询的作用相同

D．视图具有查询的功能，还可以修改数据，但不能修改原表的数据

37.【高校考试】查询设计器中"筛选"选项卡对应的 SQL 短语是（　　　）。

A．WHERE　　　　B．JOIN　　　　C．SET　　　　D．ORDER BY

38.【高校考试】设成绩表含有学号 C(6)，姓名 C(6)，课程号 C(3)，课程名 C(16)，成绩 N(3)字段，其中每个学生有唯一的学号，每门课程有唯一的课程号，查询每名学生选修课程的最低分及课程名，正确的命令为：

SELECT 学号,姓名,（　　　）AS 最低分,课程名 FROM 成绩 GROUP BY 学号。

A．AVG(成绩)　　B．MAX(成绩)　　C．MIN(成绩)　　D．SUM(成绩)

39.【高校考试】设有职工表（职工编号，姓名，出生日期，职称）和工资表（职工编号，基本工资，奖金，扣除），查询职工姓名和实发工资，结果存于表 CX．DBF 中，正确的命令为：

SELECT 姓名，（　　　）FROM 职工，工资 WHERE 职工表.职工编号=；

　　　工资表.职工编号 INTO TABLE CX

A．实发工资

B．基本工资 AS 实发工资

C．基本工资+奖金 AS 实发工资

D．基本工资+奖金－扣除 AS 实发工资

40.【高校考试】设成绩表含有学号 C(6)，姓名 C(6)，课程号 C(3)，课程名 C(16)，成绩 N(3)字段，其中每个学生有唯一的学号，每门课程有唯一的课程号，查询每名学生选修课程的最低分及课程名，正确的命令为：

SELECT 学号,姓名,MIN(成绩)AS 最低分,课程名 FROM 成绩 GROUP BY（　　　）

A．课程号　　　　B．课程名　　　　C．学号　　　　D．姓名

41.【高校考试】设有职工表（职工编号，姓名，出生日期，职称），查询副教授以上（含副教授）的职工姓名，正确的命令为：

SELECT 姓名 FROM 职工 WHERE（　　　）

A．职称>="副教授"

B．职称="副教授"AND 职称="教授"

C．职称 IN ("教授","副教授")

D．职称 LIKE"教授"

42.【高校考试】设成绩表含有学号 C（6），姓名 C（6），课程号 C（3），课程名 C（16），成绩 N（3）字段，其中每个学生有唯一的学号，每门课程有唯一的课程号，查询每门课程的选修人数，正确的命令为：

SELECT 课程号,课程名,（　　　）AS 选修人数 FROM 成绩 GROUP BY （　　　）

    A．COUNT(*), 课程名　　　　　　B．MAX(成绩)，课程号

    C．MIN(成绩)，课程名　　　　　　D．SUM(成绩)，课程号

43.【高校考试】设成绩表含有学号 C（6），姓名 C（6），课程号 C（3），课程名 C（16），成绩 N（3）字段，其中每个学生有唯一的学号，每门课程有唯一的课程号，查询每名学生选修课程的总分，正确的命令为：

SELECT 学号, 姓名,SUM(成绩) AS 总分 FROM 成绩 GROUP BY （　　　）

    A．课程号　　　B．课程名　　　C．学号　　　　D．姓名

44.【高校考试】设有职工表（职工编号，姓名，出生日期，职称）和工资表（职工编号，基本工资，奖金，扣除），查询 30 岁以上职工的姓名和实发工资，并按实发工资降序排序，正确的命令为：

SELECT 姓名，基本工资+奖金－扣除 AS 实发工资 FROM 职工，工资 WHERE （　　　）ORDER BY 实发工资 DESC

    A．年龄>=30

    B．年龄>=30 AND 职工表.职工编号=工资表.职工编号

    C．职工表.职工编号=工资表.职工编号 AND YEAR(DATE())－YEAR(出生日期)>=30

    D．职工表.职工编号=工资表.职工编号 OR YEAR(DATE())－YEAR(出生日期)>=30

45.【高校考试】设成绩表含有学号 C（6），姓名 C（6），课程号 C（3），课程名 C（16），成绩 N（3）字段，其中每个学生有唯一的学号，每门课程有唯一的课程号，查询每名学生选修课程的总分，正确的命令为：

SELECT 学号, 姓名,（　　　） AS 总分 FROM 成绩 GROUP BY 学号

    A．AVG(成绩)　　　　　　　　　B．MAX(成绩)

    C．MIN(成绩)　　　　　　　　　D．SUM(成绩)

46.【高校考试】设有职工表（职工编号，姓名，出生日期，职称)和工资表（职工编号，基本工资，奖金，扣除)，查询 30 岁以上职工的姓名和实发工资，结果存于表 CX.DBF 中，正确的命令为：

SELECT 姓名，基本工资+奖金－扣除 AS 实发工资 FROM 职工,工资 ；

    WHERE （　　　） INTO LABLE CX

    A．年龄>=30

    B．年龄>=30 职工表.职工编号=工资表.职工编号

    C．职工表.职工编号=工资表.职工编号 AND YEAR (DATE())－YEAR (出生日期)>=30

    D．职工表.职工编号=工资表.职工编号 OR YEAR (DATE())－YEAR (出生日期)>=30

47.【高校考试】设成绩表含有学号 C(6),姓名 C(6),课程(3),课程名 C(16),成绩 N(3)字段，其中每个学生有唯一的学号，每门课程有唯一的课程号，查询每名学生选修课程的平均分，正确的命令为：

SELECT 学号, 姓名, AVG(成绩) AS 平均分 FROM 成绩 （   ）学号
    A．ORDER ON   B．GROUP ON
    C．ORDER BY   D．GROUP BY

二、填空题

1.【国考 2010.3】已有查询文件 queryone.qpr，要执行该查询文件可使用命令_____。

2.【国考 2009.9】删除视图 MyView 的命令是_____。

3.【国考 2008.9】在数据库中可以设计视图和查询，其中_____不能独立存储为文件（存储在数据库中）。

4.【国考 2006.9】在 Visual FoxPro 中视图可以分为本地视图和_____视图。

5.【国考 2006.9】在 Visual FoxPro 中为了通过视图修改的基本表中的数据，需要在视图设计器的_____选项卡设置有关属性。

6.【国考 2006.4】查询设计器的"排序依据"选项卡对应于 SQL SELECT 语句的_____短语。

第 **6** 单元 关系数据库标准语言 SQL

一、选择题

1.【国考 2010.3】SQL 语言的更新命令的关键词是（ ）。
   A．INSERT　　　B．UPDATE　　　C．CREATE　　　D．SELECT
2.【国考 2006.4】SQL 的数据操作语句不包括（ ）。
   A．INSERT　　　B．UPDATE　　　C．DELETE　　　D．CHANGE
3.【国考 2006.4】SQL 语句中修改表结构的命令是（ ）。
   A．ALTER TABLE　　　　　　B．MODIFY TABLE
   C．ALTER STRUCTURE　　　　D．MODIFY STRUCTURE
4.【国考 2007.4】 以下不属于 SQL 数据操作命令的是（ ）。
   A．MODIFY　　　B．INSERT　　　C．UPDATE　　　D．DELETE
5.【国考 2006.9】在 SQL SELECT 语句的 ORDER BY 短语中如果指定了多个字段，则
（ ）。
   A．无法进行排序　　　　　　B．只按第一个字段排序
   C．按从左至右优先依次排序　　D．按字段排序优先级依次排序
6.【国考 2007.4】在 SELEC 语句中，以下有关 HAVING 语句的正确叙述是（ ）。
   A．HAVING 短语必须与 GROUP BY 短语同时使用
   B．使用 HAVING 短语的同时不能使用 WHERE 短语
   C．HAVING 短语可以在任意位置出现
7.【国考 2007.4】SQL 的 SELECT 语句中，"HAVING<条件表达式>"用来筛选满足条
件的（ ）。
   A．列　　　　　B．行　　　　　C．关系　　　　D．分组
8.【国考 2008.9】在 SQL SELECT 查询中，为了使查询结果排序应该使用短语（ ）。
   A．ASC　　　　B．DESC　　　　C．GROUP BY　　D．ORDER BY
9.【国考 2008.9】在 SQL SELECT 语句中与 INTO TABLE 等价的短语是（ ）。
   A．INTO DBF　　B．TO TABLE　　C．TO FOEM　　D．INTO FILE
10.【国考 2007.4】以下有关 SELECT 语句的叙述中错误的是（ ）。
   A．SELECT 语句中可以使用别名
   B．SELECT 语句中只能包含表中的列及其构成的表达式
   C．SELECT 语句规定了结果集中的顺序
   D．如果 FROM 短语引用的两个表有同名的列，则 SELECT 短语引用它们时必须使
   用表名前缀加以限定

11.【国考 2007.4】在 SQL 语句中,与表达式"年龄 BETWEEN 12 AND 46"功能相同的表达式是(　　　　)。

　　A. 年龄>=12 OR <=46　　　　　　　B. 年龄>=12 AND <=46

　　C. 年龄>=12 OR 年龄<=46　　　　　D. 年龄>=12 AND 年龄<=46

12.【国考 2008.4】在 SELECT 语句中使用 ORDER BY 是为了指定(　　　　)。

　　A. 查询的表　　　　　　　　　　　　B. 查询结果的顺序

　　C. 查询的条件　　　　　　　　　　　D. 查询的字段

13.【国考 2007.4】在 SQL 的 SELECT 查询的结果中,消除重复记录的方法是(　　　　)。

　　A. 通过指定主索引实现　　　　　　　B. 通过指定唯一索引实现

　　C. 使用 DISTINCT 短语实现　　　　　D. 使用 WHERE 短语实现

14.【国考 2007.9】在 SQL SELECT 语句中为了将查询结果存储到临时表应该使用短语(　　　　)。

　　A. TO CURSOR　　　　　　　　　　　B. INTO CURSOR

　　C. INTO DBF　　　　　　　　　　　　D. TO DBF

15.【国考 2007.9】在 SQL 的 ALTER TABLE 语句中,为了增加一个新的字段应该使用短语(　　　　)。

　　A. CREATE　　　　B. APPEND　　　　C. COLUMN　　　D. ADD

16.【国考 2010.3】假设"图书"表中有 C 型字段"图书编号",要求将图书编号以字母 A 开头的图书记录全部打上删除标记,可以使用 SQL 命令(　　　　)。

　　A. DELETE FROM 图书 FOR 图书编号="A"

　　B. DELETE FROM 图书 WHERE 图书编号="A%"

　　C. DELETE FROM 图书 FOR 图书编号="A"

　　D. DELETE FROM 图书 WHERE 图书编号 LIKE "A%"

17.【国考 2009.9】学生表中有学号、姓名和年龄三个字段,SQL 语句"SELECT 学号 FROM 学生"完成的操作称为(　　　　)。

　　A. 选择　　　　　　B. 投影　　　　　　C. 连接　　　　　　D. 并

18.【国考 2009.9】若 SQL 语句中的 ORDER BY 短语指定了多个字段,则(　　　　)。

　　A. 依次按自右至左的字段顺序排序

　　B. 只按第一个字段排序

　　C. 依次按自左至右的字段顺序排序

　　C. 无法排序

19.【国考 2009.4】SQL 语言的查询语句是(　　　　)。

　　A. INSERT　　　　B. UPDATE　　　　C. DELETE　　　D. SELECT

20.【国考 2009.4】下列与修改表结构相关的命令是(　　　　)。

　　A. INSERT　　　　B. ALTER　　　　C. UPDATE　　　D. CREATE

21.【国考 2009.4】在 Visual FoxPro 中,下列关于 SQL 表定义语句(CREATE TABLE)的说法中错误的是(　　　　)。

　　A. 可以定义一个新的基本表结构

　　B. 可以定义表中的主关键字

C. 可以定义表的域完整性、字段有效性规则等

D. 对自由表，同样可以实现其完整性、有效性规则等信息的设置

22.【国考2009.4】在 Visual FoxPro 中，假设教师表 T（教师号，姓名，性别，职称，研究生导师）中，性别是 C 型字段，研究生导师是 L 型字段。若要查询"是研究生导师的女老师"信息，那么 SQL 语句"SELECT * FROM T WHERE <逻辑表达式>"中的<逻辑表达式>应是（　　　）。

A. 研究生导师 AND 性别="女"

B. 研究生导师 OR 性别="女"

C. 性别="女" AND 研究生导师=.F.

D. 研究生导师= .T. OR 性别="女"

23.【国考2009.9】与 SELECT * FROM 教师表 INTO DBF A 等价的语句是（　　　）。

A. SELECT * FROM 教师表 TO DBF A

B. SELECT * FROM 教师表 TO TABLE A

C. SELECT * FROM 教师表 INTO TABLE A

D. SELECT * FROM 教师表 INTO A

24.【国考2009.9】查询"教师表"的全部记录并存储于临时文件 one.dbf（　　　）。

A. SELECT * FROM 教师表 INTO CURSOR one

B. SELECT * FROM 教师表 TO CURSOR one

C. SELECT * FROM 教师表 INTO CURSOR DBF one

D. SELECT * FROM 教师表 TO CURSOR DBF one

25.【国考2009.9】"教师表"中有"职工号"，"姓名"和"工龄"字段，其中"职工号"为主关键字，建立"教师表"的 SQL 命令是（　　　）。

A. CREATE TABLE 教师表(职工号 C(10) PRIMARY, 姓名 C(20), 工龄 I)

B. CREATE TABLE 教师表(职工号 C(10) FOREIGN, 姓名 C(20), 工龄 I)

C. CREATE TABLE 教师表(职工号 C(10) FOREIGN KEY, 姓名 C(20), 工龄 I)

D. CREATE TABLE 教师表(职工号 C(10) PRIMARY KEY, 姓名 C(20), 工龄 I)

26.【国考2009.9】创建一个名为 student 的新类，保存新类的类库名称是 mylib，新类的父类是 person，正确的命令是（　　　）。

A. CREATE CLASS mylib OF student AS person

B. CREATE CLASS student OF person AS mylib

C. CREATE CLASS student OF mylib AS person

D. CREATE CLASS person OF mylib AS student

27.【国考2009.9】"教师表"中有"职工号"、"姓名"、"工龄"和"系号"等字段，"学院表"中有"系名"和"系号"等字段。计算"计算机"系老师总数的命令是（　　　）。

A. SELECT COUNT(*) FROM 教师表 INNER JOIN 学院表 ；
　　ON 教师表.系号=学院表.系号 WHERE 系名="计算机"

B. SELECT COUNT(*) FROM 教师表 INNER JOIN 学院表 ；
　　ON 教师表.系号=学院表.系号 ORDER BY 教师表.系号；
　　HAVING 学院表.系名="计算机"

C．SELECT COUNT(*) FROM　教师表 INNER JOIN　学院表；

   ON　教师表.系号=学院表.系号 GROUP　BY　教师表.系号；

   HAVING　学院表.系名="计算机"

  D．SELECT SUM(*) FROM　教师表 INNER JOIN　学院表；

   ON　教师表.系号=学院表.系号 ORDER BY　教师表.系号；

   HAVING　学院表.系名="计算机"

28．【国考 2009.9】"教师表"中有"职工号"、"姓名"、"工龄"和"系号"等字段，"学院表"中有"系名"和"系号"等字段。求教师总数最多的系的教师人数，正确的命令是（　　）。

  A．SELECT　教师表.系号，COUNT(*) AS　人数　FROM　教师表，学院表；

   GROUP BY　教师表.系号　INTO DBF TEMP；

   SELECT MAX(人数)FROM TEMP

  B．SELECT　教师表.系号，COUNT(*) FROM　教师表，学院表；

   WHERE　教师表.系号=学院表.系号 GROUP BY　教师表.系号；

   INTO DBF TEMP SELECT MAX(人数) FROM TEMP

  C．SELECT　教师表.系号，COUNT(*) AS　人数　FROM　教师表，学院表；

   WHERE　教师表.系号=学院表.系号 GROUP BY　教师表.系号　TO FILE TEMP；

   SELECT MAX(人数) FROM TEMP

  D．SELECT　教师表.系号，COUNT(*) AS　人数　FROM　教师表，学院表；

   WHERE　教师表.系号=学院表.系号　GROUP BY　教师表.系号 INTO；

   DBF TEMP SELECT MAX(人数)FROM TEMP

29．【国考 2008.9】假设有 student 表，可以正确添加字段"平均分数"的命令是（　　）。

  A．ALTER TABLE student ADD　平均分数 F(6,2)

  B．ALTER DBF student ADD　平均分数 F 6,2

  C．CHANGE TABLE student ADD　平均分数 F(6,2)

  D．CHANGE TABLE student INSERT　平均分数 6,2

30．【国考 2008.4】设有订单表 order（其中包括字段：订单号，客户号，职员号，签订日期，金额），查询 2007 年所签订单的信息，并按金额降序排序，正确的 SQL 命令是（　　）。

  A．SELECT * FROM order WHERE YEAR(签订日期)=2007 ORDER BY　金额　DESC

  B．SELECT * FROM order WHILE YEAR(签订日期)=2007 ORDER BY　金额　ASC

  C．SELECT * FROM order WHERE YEAR(签订日期)=2007 ORDER BY　金额　ASC

  D．SELECT * FROM order WHILE YEAR(签订日期)=2007 ORDER BY　金额　DESC

31．【国考 2008.4】设有订单表 order（其中包括字段：订单号，客户号，客户号，职员号，签订日期，金额），删除 2002 年 1 月 1 日以前签订的订单记录，正确的 SQL 命令是（　　）。

  A．DELETE TABLE order WHERE　签订日期<{^2002-1-1}

  B．DELETE TABLE order WHILE　签订日期>{^2002-1-1}

  C．DELETE FROM order WHERE　签订日期<{^2002-1-1}

  D．DELETE FROM order WHILE　签订日期>{^2002-1-1}

32.【国考 2007.4】设有学生表 S（学号，姓名，性别，年龄），查询所有年龄小于等于 18 岁的女同学，并按年龄进行降序生成新的表 WS，正确的 SQL 命令是（　　　　）。

  A．SELECT * FROM　S；

    WHERE　性别＝'女' AND　年龄<=18 ORDER BY 年龄　DESC INTO TABLE WS

  B．SELECT * FROM　S；

    WHERE　性别＝'女' AND　年龄<=18 ORDER BY 年龄　INTO TABLE WS

  C．SELECT * FROM　S；

    WHERE　性别＝'女' AND 年龄<=18 ORDER BY '年龄' DESC INTO TABLE WS

  D．SELECT * FROM　S；

    WHERE　性别＝'女' OR　年龄<=18 ORDER BY '年龄' ASC INTO TABLE WS

33.【国考 2007.4】设有学生选课表 SC（学号，课程号，成绩），用 SQL 检索同时选修课程号为 C1 和 C5 的学生的学号的正确命令是（　　　　）。

  A．SELECT 学号　FROM SC WHERE　课程号='C1' AND　课程号='C5'

  B．SELECT 学号　FROM　SC WHERE　课程号='C1' AND　课程号=；

    (SELECT 课程号　FROM SC WHERE　课程号='C5')

  C．SELECT 学号　FROM SC WHERE　课程号='C1' AND　学号=；

    (SELECT 学号　FROM SC WHERE　课程号='C5')

  D．SELECT 学号　FROM　SC WHERE　课程号='C1' AND　学号　IN；

    (SELECT 学号　FROM SC WHERE　课程号='C5')

34.【国考 2007.4】设学生表 S（学号，姓名，性别，年龄），课程表 C（课程号，课程名，学分）和学生选课表 SC（学号，课程号，成绩），检索学号、姓名和学生所选课程名和成绩，正确的 SQL 命令是（　　　　）。

  A．SELECT 学号，姓名，课程名，成绩 FROM S, SC, C；

    WHERE S.学号 ＝SC.学号　AND SC.课程号=C.课程号

  B．SELECT 学号，姓名，课程名，成绩 FROM；

    (S JOIN SC ON S.学号=SC.学号) JOIN C ON SC.课程号 ＝C.课程号

  C．SELECT S.学号，姓名，课程名，成绩 FROM S JOIN SC JOIN C ON；

    S.学号=SC.学号　ON　SC.课程号 ＝C.课程号

  D．SELECT S.学号，姓名，课程名，成绩 FROM S JOIN SC JOIN C ON；

    SC.课程号=C.课程号　ON S.学号=SC.学号

35.【国考 2007.4】设有关系 SC（SNO,CNO,GRADE），其中 SNO、CNO 分别表示学号、课程号（两者均为字符型），GRADE 表示成绩（数值型）。若要把学号为"S101"，选修课程号为"C11"，成绩为 98 分的记录插到表 SC 中，正确的语句是（　　　　）。

  A．INSERT INTO SC(SNO,CNO,GRADE) VALUES('S101','C11','98')

  B．INSERT INTO SC(SNO,CNO,GRADE) VALUES(S101, C11, 98)

  C．INSERT ('S101','C11','98') INTO SC

  D．INSERT INTO SC VALUES('S101','C11',98)

36.【国考 2007.4】在 Visual FoxPro 中，如果要将学生表 S（学号，姓名，性别，年龄）中 "年龄" 属性删除，正确的 SQL 命令是（　　　）。

    A．ALTER TABLE S DROP COLUMN 年龄

    B．DELETE 年龄 FROM S

    C．ALTER TABLE S DELETE COLUMN 年龄

    D．ALTEER TABLE S DELETE 年龄

37.【国考 2006.4】设有 S（学号，姓名，性别）和 SC（学号，课程号，成绩）两个表，如下 SQL 语句检索选修的每门课程的成绩都高于或等于 85 分的学生的学号、姓名和性别，正确的是（　　　）。

    A．SELECT 学号,姓名,性别 FROM S WHERE EXISTS；

        （SELECT * FROM SC WHERE SC.学号=S.学号 AND 成绩<=85）

    B．SELECT 学号,姓名,性别 FROM S WHERE NOT EXISTS；

        （SELECT * FROM SC WHERE SC.学号=S.学号 AND 成绩<=85）

    C．SELECT 学号,姓名,性别 FROM S WHERE EXISTS；

        （SELECT * FROM SC WHERE SC.学号=S.学号 AND 成绩>85）

    D．SELECT 学号,姓名,性别 FROM S WHERE NOT EXISTS；

        （SELECT * FROM SC WHERE SC.学号=S.学号 AND 成绩<85）

38.【国考 2006.4】从 "订单" 表中删除签订日期为 2004 年 1 月 10 日之前（含）的订单记录，正确的 SQL 语句是（　　　）。

    A．DROP FROM 订单 WHERE 签订日期<={^2004-1-10}

    B．DROP FROM 订单 FOR 签订日期<={^2004-1-10}

    C．DELETE FROM 订单 WHERE 签订日期<={^2004-1-10}

    D．DELETE FROM 订单 FOR 签订日期<={^2004-1-10)

39.【国考 2006.4】假设 "订单" 表中有订单号、职员号、客户号和金额字段，正确的 SQL 语句只能是（　　　）。

    A．SELECT 职员号 FROM 订单；

        GROUP BY 职员号 HAVING COUNT(*)>3 AND AVG_金额>200

    B．SELECT 职员号 FROM 订单；

        GROUP BY 职员号 HAVING COUNT(*)>3 AND AVG(金额)>200

    C．SELECT 职员号 FROM 订单；

        GROUP BY 职员号 HAVING COUNT(*)>3 WHERE AVG(金额)>200

    D．SELECT 职员号 FROM 订单；

        GROUP BY 职员号 WHERE COUNT(*)>3 AND AVG_金额>200

40.【国考 2006.4】要使 "产品" 表中所有产品的单价上浮 8%，正确的 SQL 命令是（　　　）。

    A．UPDATE 产品 SET 单价=单价+单价*8%FOR ALL

    B．UPDATE 产品 SET 单价=单价*1.08 FOR ALL

    C．UPDATE 产品 SET 单价=单价+单价*8%

    D．UPDATE 产品 SET 单价=单价*1.08

41.【国考 2006.4】假设同一名称的产品有不同的型号、产地和单价，则计算每种产品平

均单价的 SQL 语句是（　　　）。

    A．SELECT 产品名称,AVG(单价) FROM 产品 GROUP BY 单价

    B．SELECT 产品名称,AVG(单价) FROM 产品 ORDERBY 单价

    C．SELECT 产品名称,AVG(单价) FROM 产品 ORDER BY 产品名称

    D．SELECT 产品名称,AVG(单价) FROM 产品 GROUP BY 产品名称

42.【国考 2006.4】"图书"表中有字符型字段"图书号"。要求用 SQL DELETE 命令将图书号以字母 A 开头的图书记录全部打上删除标记，正确的命令是（　　　）。

    A．DELETE FROM 图书 FOR 图书号 LIKE "A%"

    B．DELETE ROM 图书 WHILE 图书号 LIKE "A%"

    C．DELETE FROM 图书 WHERE 图书号="A*"

    D．DELETE FROM 图书 WHERE 图书号 LIKE "A%"

【国考 2008.4】下表是用 LIST 命令显示的"运动员"表的内容和结构，43 题-45 题使用该表：

记录号	运动员号	投中 2 分球	投中 3 分球	罚球
1	1	3	4	5
2	2	2	1	3
3	3	0	0	0
4	4	5	6	7

43.【国考 2008.4】为"运动员"表增加一个字段"得分"的 SQL 语句是（　　　）。

    A．CHANGE TABLE 运动员 ADD 得分 I

    B．ALTER DATA 运动员 ADD 得分 I

    C．ALTER TABLE 运动员 ADD 得分 I

    D．CHANGE TABLE 运动员 INSERT 得分 I

44.【国考 2008.4】计算每名运动员"得分"的正确 SQL 语句是（　　　）。

    A．UPDATE 运动员 FIELD 得分=2*投中 2 分球+3*投中 3 分球+罚球

    B．UPDATE 运动员 FIELD 得分 WITH 2*投中 2 分球+3*投中 3 分球+罚球

    C．UPDATE 运动员 SET 得分 WITH 2*投中 2 分球+3*投中 3 分球+罚球

    D．UPDATE 运动员 SET 得分=2*投中 2 分球+3*投中 3 分球+罚球

45.【国考 2008.4】检索"投中 3 分球"小于等于 5 个的运动员中"得分"最高的运动员的"得分"，正确的 SQL 语句是（　　　）。

    A．SELECT MAX(得分) 得分 FROM 运动员 WHERE 投中 3 分球<=5

    B．SELECT MAX(得分) 得分 FROM 运动员 WHEN 投中 3 分球<=5

    C．SELECT 得分=MAX(得分) FROM 运动员 WHERE 投中 3 分球<=5

    D．SELECT 得分=MAX(得分) FROM 运动员 WHEN 投中 3 分球<=5

【国考 2010.3】第 46 题-51 题基于图书表、读者表和借阅表三个数据库表，它们的结构如下：

图书（图书编号，书名，第一作者，出版社）：图书编号，书名，第一作者，出版社均为 C 型字段，图书编号为主关键字；

读者（借书证号，单位，姓名，职称）：借书证号，单位，姓名，职称为 C 型字段，借书证号为主关键字；

借阅（借书证号，图书编号，借书日期，还书日期）：借书证号和图书编号为 C 型字段，借书日期和还书日期为 D 型字段，还书日期默认值为 NULL，借书证号和图书编号共同构成主关键字。

46.【国考 2010.3】查询第一作者为"张三"的所有书名及出版社，正确的 SQL 语句是（　　）。

    A．SELECT 书名, 出版社 FROM 图书 WHERE 第一作者=张三

    B．SELECT 书名, 出版社 FROM 图书 WHERE 第一作者="张三"

    C．SELECT 书名, 出版社 FROM 图书 WHERE "第一作者"=张三

    D．SELECT 书名, 出版社 FROM 图书 WHERE "第一作者"="张三"

47.【国考 2010.3】查询尚未归还书的图书编号和借书日期，正确的 SQL 语句是（　　）。

    A．SELECT 图书编号, 借书日期 FROM 借阅 WHERE 还书日期=" "

    B．SELECT 图书编号, 借书日期 FROM 借阅 WHERE 还书日期=NULL

    C．SELECT 图书编号, 借书日期 FROM 借阅 WHERE 还书日期 IS NULL

    D．SELECT 图书编号, 借书日期 FROM 借阅 WHERE 还书日期

48.【国考 2010.3】查询读者表的所有记录并存储于临时表文件 one 中的 SQL 语句是（　　）。

    A．SELECT * FROM 读者 INTO CURSOR one

    B．SELECT * FROM 读者 TO CURSOR one

    C．SELECT * FROM 读者 INTO CURSOR DBF one

    D．SELECT * FROM 读者 TO CURSOR DBF one

49.【国考 2010.3】查询单位名称中含"北京"字样的所有读者的借书证号和姓名，正确的 SQL 语句是（　　）。

    A．SELECT 借书证号, 姓名 FROM 读者 WHERE 单位="北京%"

    B．SELECT 借书证号, 姓名 FROM 读者 WHERE 单位="北京*"

    C．SELECT 借书证号, 姓名 FROM 读者 WHERE 单位 LIKE "北京*"

    D．SELECT 借书证号, 姓名 FROM 读者 WHERE 单位 LIKE "%北京%"

50.【国考 2010.3】查询 2009 年被借过书的图书编号和借书日期，正确的 SQL 语句是（　　）。

    A．SELECT 图书编号, 借书日期 FROM 借阅 WHERE 借书日期=2009

    B．SELECT 图书编号, 借书日期 FROM 借阅 WHERE year(借书日期)=2009

    C．SELECT 图书编号, 借书日期 FROM 借阅 WHERE 借书日期= year(2009)

    D．SELECT 图书编号, 借书日期 FROM 借阅 WHERE year(借书日期)=year(2009)

51.【国考 2010.3】查询所有"工程师"读者借阅过的图书编号，正确的 SQL 语句是（　　）。

    A．SELECT 图书编号 FROM 读者, 借阅 WHERE 职称="工程师"

    B．SELECT 图书编号 FROM 读者, 图书 WHERE 职称="工程师"

    C．SELECT 图书编号 FROM 借阅 WHERE 图书编号=

        (SELECT 图书编号 FROM 借阅 WHERE 职称="工程师")

(SELECT 图书编号 FROM 借阅 WHERE 职称="工程师")

　　D．SELECT 图书编号 FROM 借阅 WHERE 借书证号 IN

(SELECT 借书证号 FROM 读者 WHERE 职称="工程师")

> 【国考 2009.4】52 题～56 题基于学生表 S 和学生选课表 SC 两个数据库表，它们的结构如下：
>
> 　　S（学号，姓名，性别，年龄），其中，学号、姓名和性别为 C 型字段，年龄为 N 型字段。
>
> 　　SC（学号，课程号，成绩），其中，学号和课程号为 C 型字段，成绩为 N 型字段（初始为空值）。

52．【国考 2009.4】查询学生选修课程成绩少于 60 分的，正确的 SQL 语句是（　　）。

　　A．SELECT DISTINCT 学号 FROM SC WHERE "成绩" <60

　　B．SELECT DISTINCT 学号 FROM SC WHERE 成绩 <60

　　C．SELECT DISTINCT 学号 FROM SC WHERE 成绩 <"60"

　　D．SELECT DISTINCT "学号" FROM SC WHERE "成绩"<60

53．【国考 2009.4】查询学生表 S 的全部记录并存储于临时表文件 one 中的 SQL 命令是（　　）。

　　A．SELECT * FROM 学生表 INTO CURSOR one

　　B．SELECT * FROM 学生表 TO CURSOR one

　　C．SELECT * FROM 学生表 INTO CURSOR DBF one

　　D．SELECT * FROM 学生表 TO CURSOR DBF one

54．【国考 2009.4】查询成绩在 70 分至 85 分之间学生的学号、课程号和成绩，正确的 SQL 语句是（　　）。

　　A．SELECT 学号，课程号，成绩 FROM SC WHERE 成绩 BETWEEN 70 AND 85

　　B．SELECT 学号，课程号，成绩 FROM SC WHERE 成绩>= 70 OR 成绩 <=85

　　C．SELECT 学号，课程号，成绩 FROM SC WHERE 成绩>=70 OR <=85

　　D．SELECT 学号，课程号，成绩 FROM SC WHERE 成绩>=70 AND <=85

55．【国考 2009.4】查询有选课记录，但没有考试成绩的学生的学号和课程号，正确的 SQL 语句是（　　）。

　　A．SELECT 学号，课程号 FROM SC WHERE 成绩=" "

　　B．SELECT 学号，课程号 FROM SC WHERE 成绩=NULL

　　C．SELECT 学号，课程号 FROM SC WHERE 成绩 IS NULL

　　D．SELECT 学号，课程号 FROM SC WHERE 成绩

56．【国考 2009.4】查询选修 C2 课程号的学生姓名，下列 SQL 语句中错误的是（　　）。

　　A．SELECT 姓名 FROM S WHERE EXISTS

(SELECT * FROM SC WHERE 学号=S.学号 AND 课程号='C2')

　　B．SELECT 姓名 FROM S WHERE 学号 IN

(SELECT 学号 FROM SC WHERE 课程号='C2')

　　C．SELECT 姓名 FROM S JOIN SC ON S.学号=SC.学号 WHERE 课程号='C2'

D.　SELECT　姓名　FROM S WHERE　学号=

　　(SELECT　学号　FROM SC WHERE　课程号='C2')

【国考2006.9】57 题~64 题使用的数据表如下，并且这两个表都位于"大奖赛.dbc"数据库中。

"歌手"表

歌手号	姓名
1001	王蓉
2001	许巍
3001	周杰伦
4001	林俊杰
...	

"评分"表

歌手号	分数	评委号
1001	9.8	101
2001	9.6	102
3001	9.7	103
4001	9.8	104
...		

57.【国考2006.9】为"歌手"表增加一个字段"最后得分"的SQL语句是（　　　）。

　　A．ALTER TABLE 歌手 ADD 最后得分 F(6,2)

　　B．ALTER DBF 歌手 ADD 最后得分 F6,2

　　C．CHANGE TABLE 歌手 ADD 最后得分 F(6,2)

　　D．CHANGE TABLE 学院 INSERT 最后得分 F6,2

58.【国考2006.9】插入一条记录到"评分"表中，歌手号、分数和评委号分别是"1001"、9.9 和"105"，正确的 SQL 语句是（　　　）。

　　A．INSERT VALUES("1001", 9.9, "105") INTO 评分(歌手号,分数,评委号)

　　B．INSERT TO　评分(歌手号, 分数, 评委号) VALUES("1001", 9.9, "105")

　　C．INSERT INTO 评分(歌手号, 分数, 评委号) VALUES("1001", 9.9, "105")

　　D．INSERT VALUES("100", 9.9, "105") TO 评分(歌手号, 分数, 评委号)

59.【国考2006.9】假设每个歌手的"最后得分"的计算方法是，去掉一个最高分和一个最低分，取剩下分数的平均分。根据"评分"表求每个歌手的"最后得分"并存储于表 TEMP 中。表 TEMP 中有两个字段："歌手号"和"最后得分"，并且按最后得分降序排列，生成表 TEMP 的 SQL 语句是（　　　）。

　　A．SELECT 歌手号,(COUNT(分数)- MAX(分数)-MIN(分数))/(SUM(*)-2) ;
　　　　最后得分 FROM 评分 INTO DBF TEMP GROUP BY 歌手号 ;
　　　　ORDER BY 最后得分 DESC

　　B．SELECT 歌手号, (COUNT(分数)-MAX(分数)-MIN(分数))/(SUM(*)-2) ;
　　　　最后得分 FROM 评分 INTO DBF TEMP GROUP BY 评委号 ;
　　　　ORDER BY 最后得分 DESC

　　C．SELECT 歌手号, (SUM(分数)-MAX(分数)-MIN(分数))/(COUNT(*)-2) ;
　　　　最后得分 FROM 评分 INTO DBF TEMP GROUP BY 评委号 ORDER BY ;
　　　　最后得分 DESC

　　D．SELECT 歌手号, (SUM(分数)－MAX(分数)－MIN(分数))/(COUNT(*)－2) ;
　　　　最后得分 FROM 评分 INTO DBF TEMP GROUP BY 歌手号 ;
　　　　ORDER BY 最后得分 DESC

60.【国考2006.9】与"SELECT * FROM 歌手 WHERE NOT(最后得分＞9.00 OR 最后得分＜8.00)"等价的语句是（　　　）。

    A. SELECT * FROM 歌手 WHERE 最后得分 BETWEEN 9.00 AND 8.00

    B. SELECT * FROM 歌手 WHERE 最后得分＞=8.00 AND 最后得分＜=9.00

    C. SELECT * FROM 歌手 WHERE 最后得分＞9.00 OR 最后得分＜8.00

    D. SELECT * FROM 歌手 WHERE 最后得分＜=8.00 AND 最后得分＞=9.00

61.【国考2006.9】为"评分"表的"分数"字段添加有效性规则：分数必须大于等于0，小于等于10，正确的SQL语句是（　　　）。

    A. CHANGE TABLE 评分 ALTER 分数 SET CHECK 分数＞=0 AND 分数＜=10

    B. ALTER TABLE 评分 ALTER 分数 SET CHECK 分数＞=0 AND 分数＜=10

    C. ALTER TABLE 评分 ALTER 分数 CHECK 分数＞=0 AND 分数＜=10

    D. CHANGE TABLE 评分 ALTER 分数 SET CHECK 分数＞=0 OR 分数＜=10

62.【国考2006.9】根据"歌手"表建立视图 myview，视图中包括了"歌手号"首位是"1"的所有记录，正确的SQL语句是（　　　）。

    A. CREATE VIEW myview AS SELECT * FROM 歌手 WHERE LEFT(歌手号,1)="1"

    B. CREATE VIEW myview AS SELECT * FROM 歌手 WHERE LIKE("1"歌手号)

    C. CREATE VIEW myview SELECT * FROM 歌手 WHERE LEFT(歌手号,1)="1"

    D. CREATE VIEW myview SELECT * FROM 歌手 WHERE LIKE("1"歌手号)

63.【国考2006.9】假设 temp.dbf 数据表中有两个字段"歌手号"和"最后得分"，下面程序的功能是：将 temp.dbf 中歌手的"最后得分"填入"歌手"表对应歌手的"最后得分"字段中（假设已增加了该字段），则在下面画线处应该填写的SQL语句是（　　　）。

    USE 歌手

    DO WHILE . NOT. EOF()

        （　　　　　　）

    REPLACE 歌手.最后得分 WITH a[2]

     SKIP

    ENDDO

    A. SELECT * FROM temp WHERE temp.歌手号=歌手.歌手号 TO ARRAY a

    B. SELECT * FROM temp WHERE temp.歌手号=歌手.歌手号 INTO ARRAY a

    C. SELECT * FROM temp WHERE temp.歌手号=歌手.歌手号 TO FILE a

    D. SELECT * FROM temp WHERE temp.歌手号=歌手.歌手号 INTO FILE a

64.【国考2006.9】与 SELECT DISTINCT 歌手号 FROM 歌手 WHERE 最后得分＞=ALL(SELECT 最后得分 FROM 歌手 WHERE SUBSTR(歌手号,1,1)="2")等价的SQL语句是（　　　）。

    A. SELECT DISTINCT 歌手号 FROM 歌手 WHERE 最后得分＞=(SELECT ;

       MAX(最后得分) FROM 歌手 WHERE SUBSTR(歌手号,1,1)="2")

    B. SELECT DISTINCT 歌手号 FROM 歌手 WHERE 最后得分＞=(SELECT ;

       MIN(最后得分) FROM 歌手 WHERE SUBSTR(歌手号,1,1)="2")

    C. SELECT DISTINCT 歌手号 FROM 歌手 WHERE 最后得分＞=ANY(SELECT ;

MAX(最后得分) FROM 歌手 WHERE SUBSTR(歌手号,1,1)="2")

D.　SELECT DISTINCT 歌手号 FROM 歌手 WHERE 最后得分>=SOME(SELECT ;

　　MAX(最后得分) FROM 歌手 WHERE SUBSTR(歌手号,1,1)="2")

> 【国考 2008.9】65—69 使用如下关系：
>
> 客户（客户号，名称，联系人，邮政编码，电话号码）
>
> 产品（产品号，名称，规格说明，单价）
>
> 订购单（订单号，客户号，订购日期）
>
> 订购单名细（订单号，产品号，数量）

65.【国考 2008.9】查询单价在 600 元以上的主机板和硬盘的正确命令是（　　）。

A.　SELECT * FROM 产品 WHERE 单价>600 AND ;

　(名称='主机板' AND 名称='硬盘')

B.　SELECT * FROM 产品 WHERE 单价>600 AND (名称='主机板' OR 名称='硬盘')

C.　SELECT * FROM 产品 FOR 单价>600 AND (名称='主机板' AND 名称='硬盘')

D.　SELECT * FROM 产品 FOR 单价>600 AND (名称='主机板' OR 名称='硬盘')

66.【国考 2008.9】查询客户名称中有 "网络" 二字的客户信息的正确命令是（　　）。

A.　SELECT * FROM 客户 FOR 名称 LIKE "%网络%"

B.　SELECT * FROM 客户 FOR 名称 ="%网络%"

C.　SELECT * FROM 客户 WHERE 名称 ="%网络%"

D.　SELECT * FROM 客户 WHERE 名称 LIKE "%网络%"

67.【国考 2008.9】查询尚未最后确定订购单的有关信息的正确命令是（　　）。

A.　SELECT 名称,联系人,电话号码,订单号 FROM 客户,订购单 ;

　　 WHERE 客户.客户号=订购单.客户号 AND 订购日期 IS NULL

B.　SELECT 名称,联系人,电话号码,订单号 FROM 客户,订购单 ;

　　 WHERE 客户.客户号=订购单.客户号 AND 订购日期 = NULL

C.　SELECT 名称,联系人,电话号码,订单号 FROM 客户,订购单 ;

　　 FOR 客户.客户号=订购单.客户号 AND 订购日期 IS NULL

D.　SELECT 名称,联系人,电话号码,订单号 FROM 客户,订购单 ;

　　 FOR 客户.客户号=订购单.客户号 AND 订购日期 = NULL

68.【国考 2008.9】查询订购单的数量和所有订购单平均金额的正确命令是（　　）。

A.　SELECT COUNT(DISTINCT 订单号),AVG(数量*单价) ;

　　 FROM 产品 JOIN 订购单名细 ON 产品.产品号=订购单名细.产品号

B.　SELECT COUNT(订单号),AVG(数量*单价) ;

　　 FROM 产品 JOIN 订购单名细 ON 产品.产品号=订购单名细.产品号

C.　SELECT COUNT(DISTINCT 订单号),AVG(数量*单价) ;

　　 FROM 产品,订购单名细 ON 产品.产品号=订购单名细.产品号

D.　SELECT COUNT(订单号),AVG(数量*单价)

69.【国考 2008.9】假设客户表中有客户号（关键字）C1~C10 共 10 条客户记录，订购单

表有订单号（关键字）OR1~OR8 共 8 条订购单记录，并且订购单表参照客户表。如下命令

可以正确执行的是（　　）。

    A．INSERT INTO 订购单 VALUES('OR5','C5',{^2008/10/10})

    B．INSERT INTO 订购单 VALUES('OR5','C11',{^2008/10/10})

    C．INSERT INTO 订购单 VALUES('OR9','C11',{^2008/10/10})

    D．INSERT INTO 订购单 VALUES('OR9','C5',{^2008/10/10})

> 【国考2007.9】70～75题使用如下数据表：
> 学生.DBF：学号（C,8），姓名（C,6），性别（C,2），出生日期（D）
> 选课.DBF：学号（C,8），课程号（C,3），成绩（N,5,1）

70.【国考2007.9】查询所有1982年3月20日及以后出生、性别为男的学生，正确的SQL语句是（　　）。

    A．SELECT * FROM 学生 WHERE 出生日期>={ ^ 1982-03-20} AND 性别="男"

    B．SELECT * FROM 学生 WHERE 出生日期<={ ^ 1982-03-20} AND 性别="男"

    C．SELECT * FROM 学生 WHERE 出生日期>={ ^ 1982-03-20} OR 性别="男"

    D．SELECT * FROM 学生 WHERE 出生日期<={ ^ 1982-03-20} OR 性别="男"

71.【国考2007.9】计算刘明同学选修的所有课程的平均成绩，正确的SQL语句是（　　）。

    A．SELECT AVG(成绩)FROM 选课 WHERE 姓名="刘明"

    B．SELECT AVG(成绩)FROM 学生,选课 WHERE 姓名="刘明"

    C．SELECT AVG(成绩)FROM 学生,选课 WHERE 学生.姓名="刘明"

    D．SELECT AVG(成绩)FROM 学生,选课 WHERE 学生.学号=选课.学号 AND ；
        姓名="刘明"

72.【国考2007.9】假定学号的第3、4位为专业代码。要计算各专业学生选修课程号为"101"课程的平均成绩，正确的SQL语句是（　　）。

    A．SELECT 专业 AS SUBS(学号,3,2),平均分 AS AVG(成绩) FROM 选课 ；
        WHERE 课程号="101" GROUP BY 专业

    B．SELECT SUBS(学号,3,2) AS 专业,AVG(成绩) AS 平均分 FROM 选课 ；
        WHERE 课程号="101" GROUP BY 1

    C．SELECT SUBS(学号,3,2) AS 专业,AVG(成绩) AS 平均分 FROM 选课 ；
        WHERE 课程号="101" ORDER BY 专业

    D．SELECT 专业 AS SUBS(学号,3,2),平均分 AS AVG(成绩) FROM 选课 ；
        WHERE 课程号="101" ORDER BY 1

73.【国考2007.9】查询选修课程号为"101"课程得分最高的同学，正确的SQL语句是（　　）。

    A．SELECT 学生.学号,姓名 FROM 学生,选课 WHERE 学生.学号=选课.学号 ；
        AND 课程号="101" AND 成绩>=ALL(SELECT 成绩 FROM 选课)

    B．SELECT 学生.学号,姓名 FROM 学生,选课 WHERE 学生.学号=选课.学号 ；
        AND 成绩>=ALL(SELECT 成绩 FROM 选课 WHERE 课程号="101")

    C．SELECT 学生.学号,姓名 FROM 学生,选课 WHERE 学生.学号=选课.学号 ；
        AND 成绩>=ANY(SELECT 成绩 FROM 选课 WHERE 课程号="101")

D. SELECT 学生.学号,姓名 FROM 学生,选课 WHERE 学生.学号=选课.学号 ；
　　　AND 课程号="101" AND 成绩>=ALL(SELECT 成绩 FROM 选课 ；
　　　WHERE 课程号="101")

74.【国考2007.9】插入一条记录到"选课"表中,学号、课程号和成绩分别是"02080111"、"103"和80,正确的 SQL 语句是（　　）。

　　A. INSERT INTO 选课 VALUES("02080111", "103", 80)

　　B. INSERT VALUES ("02080111", "103", 80) TO 选课(学号, 课程号, 成绩)

　　C. INSERT VALUES ("02080111", "103", 80) INTO 选课(学号, 课程号, 成绩)

　　D. INSERT INTO 选课(学号, 课程号, 成绩) FROM VALUES("02080111","103",80)

75.【国考2007.9】将学号为"02080110"、课程号为"102"的选课记录的成绩改为92,正确的 SQL 语句是（　　）。

　　A. UPDATE 选课 SET 成绩 WITH 92 WHERE 学号="02080110"AND 课程号="102"

　　B. UPDATE 选课 SET 成绩=92 WHERE 学号="02080110 AND 课程号="102"

　　C. UPDATE FROM 选课 SET 成绩 WITH 92 WHERE 学号="02080110"AND ；
　　　课程号="102"

　　D. UPDATE FROM 选课 SET 成绩=92 WHERE 学号="02080110" AND 课程号="102"

76.【高校考试】用SQL 语句建立表时为属性定义有效性规则,应使用的短语是（　　）。

　　A. DEFAULT　　　B. CHECK　　　C. PRIMARY KEY　　　D. ERROR

77.【高校考试】SQL 的 DELETE 命令是指（　　）。

　　A. 从表中删除行　　　　　　　　B. 从表中删除列

　　C. 从基本表中删除行　　　　　　D. 从基本表中删除列

78.【高校考试】使用 SQL 语句实现分组查询,使用（　　）短语设置分组依据。

　　A. TOTAL ON　　　B. GROUP ON　　C. ORDER BY　　　D. GROUP BY

79.【高校考试】用 SQL 语句建立表时为属性定义出错信息,应使用的短语是（　　）。

　　A. DEFAULT　　　B. CHECK　　　C. PRIMARY KEY　　D. ERROR

80.【高校考试】用 SQL 语句建立表时为属性定义主关键字,应使用的短语是（　　）。

　　A. DEFAULT　　　B. CHECK　　　C. PRIMARY KEY　　D. ERROR

81.【高校考试】使用 SQL 语句实现数据查询,限制查询结果排序后输出记录的数目,使用（　　）短语。

　　A. ABOVE　　　　B. TOP　　　　C. MAX　　　　　D. MIN

82.【高校考试】用 SQL 语句建立表时为属性定义默认值,应使用的短语是（　　）。

　　A. DEFAULT　　　　　　　　　　B. CHECK

　　C. PRIMARY KEY　　　　　　　　D. ERROR

83.【高校考试】UPDATE-SQL 语句的功能属于（　　）。

　　A. 数据定义功能　　　　　　　　B. 数据查询功能

　　C. 修改某些列的属性　　　　　　D. 修改某些列的内容

84.【高校考试】SQL 语句中修改表结构的命令是（　　）。

　　A. ALTER TABLE　　　　　　　　B. MODIFY TABLE

　　C. ALTER STRUCTURE　　　　　　D. MODIFY STRUCTURE

85.【高校考试】使用 SQL 语句实现数据查询，在查询结果中去除重复的记录，应使用（ ）短语。

　　A．UNIQUE　　　B．DISTINCT　　　　C．ONLY　　　　D．ALONE

86.【高校考试】使用 SQL 语句实现数据查询，将查询结果输出至临时表，应使用（ ）短语。

　　A．INTO ARRAY　　　　　　　　　B．INTO CURSOR

　　C．INTO TABLE　　　　　　　　　D．TO TABLE

87.【高校考试】使用 SQL 语句实现数据查询，将查询结果输出至表，应使用（ ）短语。

　　A．INTO ARRAY　　　　　　　　　B．INTO CURSOR

　　C．INTO TABLE　　　　　　　　　D．TO TABLE

88.【高校考试】使用 SQL 语句实现分组查询，设置分组条件，应使用（ ）短语。

　　A．WHERE　　　B．FOR　　　　C．HAVING　　　D．JOIN…ON

89.【高校考试】下列命令当中，省略范围和条件子句时，默认操作对象为全部记录的是（ ）。

　　A．COUNT　　　B．DELETE　　　　C．DISPLAY　　　D．RECALL

90.【高校考试】不属于数据定义功能的 SQL 语句是（ ）。

　　A．CREAT TABLE　　　　　　　　B．UPDATE

　　C．DROP TABLE　　　　　　　　　D．ALTER TABLE

91.【高校考试】使用 SQL 语句实现数据查询，要设置查询输出记录的条件，应使用（ ）语句。

　　A．FOR　　　B．HAVING　　　　C．WHERE　　　D．JOIN　ON

92.【高校考试】建立新表的 SQL 语句是（ ）。

　　A．CREATE TABLE　　　　　　　　B．ALTER TABLE

　　C．DROP TABLE　　　　　　　　　D．USE

93.【高校考试】关于 INSERT-SQL 语句，描述正确的是（ ）。

　　A．可以向表中插入若干条记录　　　B．在表中任何位置插入一条记录

　　C．在表尾插入一条记录　　　　　　D．在表头插入一条记录

94.【高校考试】使用 SQL 实现数据查询，说明查询的基表（查询来源表），使用（ ）短语。

　　A．SELECT　　　B．FROM　　　　C．WHERE　　　D．JOIN…ON

95.【高校考试】使用 SQL 语句实现数据查询，设置查询结果的顺序，使用（ ）短语。

　　A．INDEX ON　　　B．ORDER ON　　　C．ORDER BY　　D．GROUP BY

96.【高校考试】不属于数据修改功能的 SQL 语句是（ ）。

　　A．INSERT—SQL　　　　　　　　　B．UPDATE—SQL

　　C．SELECT—SQL　　　　　　　　　D．DELETE—SQL

97.【高校考试】使用 SQL 语句实现数据查询，设置查询输出的字段，使用（ ）短语。

　　A．FIELDS　　　　　　　　　　　B．SELECT

　　C．COLUMN　　　　　　　　　　　D．JOIN—ON

98.【高校考试】要为职工表的所有女职工增加100元工资,正确的SQL命令是( )。

    A. REPLACE 职工 SET 工资=工资+100 WHERE 性别="女"

    B. UPDATE 职工 SET 工资=工资+100 WHERE 性别="女"

    C. REPLACE 职工 SET 工资=工资+100 FOR 性别="女"

    D. UPDATE 职工 SET 工资=工资+100 FOR 性别="女"

99.【高校考试】如果学生表 STUDENT 是使用下面的 SQL 语句创建的:

CREATE TABLE STUDENT (NUMBER C(4) PRIMARY KEY NOT NULL, NAME C(8),SEX C(2),AGE N(2))

    下面的 SQL 语句中可以正确执行的是( )。

    A. INSERT INTO STUDENT (NUMBER, SEX, AGE) VALUES("S9","男",17)

    B. INSERT INTO STUDENT (NUMBER, SEX, AGE) VALUES("张三","男",20)

    C. INSERT INTO STUDENT(SEX, AGE) VALUES ("男",20)

    D. INSERT INTO STUDENT(NUMBER, NAME) VALUES ("S9","张三",16)

100.【高校考试】如果 GE 表已按性别排序,则运行下列程序段执行的功能是( )。

```
USE GZ
LOCATE FOR 性别="女"
DO WHILE .NOT. EOF()
    IF 姓名="王明"
        DELETE
    ENDIF
    CONTINUE
ENDDO
PACK
USE
```

    A. 将性别为"女"的所有职工的记录物理删除

    B. 将性别为"女"、名字为"王明"的职工的记录逻辑删除

    C. 将名字为"王明"的所有职工的记录物理删除

    D. 将性别为"女"、名字为"王明"的记录物理删除

101.【高校考试】将 product 表的"名称(c)"字段的宽度由8改为10,应使用 SQL 语句( )。

    A. ALTER TABLE product 名称 WITH c(10)

    B. ALTER TABLE product 名称 c(10)

    C. ALTER TABLE product ALTER 名称 c(10)

    D. ALTER product ALTER 名称 c(10)

102.【高校考试】要为职工表的所有职工增加100元工资,正确的SQL命令是( )。

    A. REPLACE 职工 SET 工资=工资+100

    B. UPDATE 职工 SET 工资=工资+100

    C. EDIT 职工 SET 工资=工资+100

    D. CHANGE 职工 SET 工资=工资+100

103.【高校考试】设成绩表含有学号 C(6)，姓名 C(6)，课程号 C(16)，成绩 N(3)字段，其中每个学生有唯一的学号，每门课程有唯一的课程号，查询每门课程的最低分及姓名，正确的命令为：

　　SELECT 课程号，课程名，（　　　）AS 最低分，姓名 FROM 成绩 GROUP BY 课程号
　　　　A．AVG(成绩)　　　B．MAX(成绩)　　　C．MIN(成绩)　　　D．SUM(成绩)

104.【高校考试】设有职工表（职工编号，姓名，出生日期，职称）和工资表（职工编号，基本工资，奖金，扣除），查询基本工资大于 800 的职工姓名和年龄，结果存于表 CX.DBF 中，正确的命令为：

SELECT 姓名，（　　　）FROM 职工,工资 WHERE 职工表.职工编号=工资表.职工编号 ；
AND 基本工资>800 INTO TABLE CX
　　　A．年龄
　　　B．出生日期 AS 年龄
　　　C．YEAR(DATE())-YEAR(出生日期) AS 年龄
　　　D．YEAR(出生日期) AS 年龄

105.【高校考试】设成绩表含有学号 C(6)，姓名　C(6)，课程号 C(3)，课程名 C(16)，成绩 N(3)字段，其中每个学生有唯一的学号，每门课程有唯一的课程号，查询每名学生选修课程的最高分及课程名，正确的命令为：

　　SELECT 学号，姓名，（　　　）AS 最高分，课程名 FROM 成绩 GROUP BY 学号
　　　　A．AVG(成绩)　　　B．MAX(成绩)　　　C．MIN(成绩)　　　D．SUM(成绩)

106.【高校考试】设成绩含有学号 C(6)，姓名 C(6)，课程号 C(16)，成绩 N(3)字段，其中每个学生有唯一的学号，每门课程有唯一的课程号，查询每门课程的最低分及姓名，正确的命令为：

　　SELECT 课程号，课程名，MIN(成绩）AS 最低分，姓名 FORM 成绩单 GROUP BY（　　　）
　　　　A．课程号　　　　　B．课程名　　　　　C．学号　　　　　D．姓名

107.【高校考试】将"学生"表的"成绩"字段更名为"总成绩"的正确命令是（　　　）。
　　　A．MODIFY TABLE 学生 RENAME COLUMN 成绩 TO 总成绩
　　　B．MODIFY TABLE 学生 RENAME FIELD 成绩 TO 总成绩
　　　C．ALTER TABLE 学生 RENAME COLUMN 成绩 TO 总成绩
　　　D．ALTER TABLE 学生 RENAME FIELD 成绩 TO 总成绩

108.【高校考试】要删除学生表中所有性别为"女"的学生记录，应使用命令（　　　）。
　　　A．DELETE FROM 学生 WHERE 性别="女"
　　　B．ERASE FROM 学生　WHERE 性别="女"
　　　C．DELETE FROM 学生 WHILE 性别="女"
　　　D．ERASE FROM 学生　WHILE 性别="女"

109.【高校考试】在"学生"表增加一个"成绩"字段的正确命令是（　　　）。
　　　A．MODIFY TABLE 学生 ADD COLUMN 成绩 N(6,2)
　　　B．MODIFY TABLE 学生 ADD FIELD 成绩 N(6,2)
　　　C．ALTER TABLE 学生 ADD COLUMN 成绩 N(6,2)
　　　D．ALTER TABLE 学生 ADD FIELD 成绩 N(6,2)

D. ALTER TABLE 学生 ADD FIELD 成绩 N(6,2)

110.【高校考试】DELETE FROM S WHERE 性别="女"语句的功能是（　　　　）。

    A. 从 S 表中彻底删除性别是"女"的记录

    B. S 表中性别是"女"的记录被加上删除标记

    C. 删除 S 表

    D. 删除 S 表的性别列

111.【高校考试】下列命令对中等价的是（　　　　）。

    A. DROP TABLE 和 REMOVE TABLE DELETE

    B. DROP TABLE 和 REMOVE TABLE

    C. DROP TABLE DELETE 和 REMOVE TABLE DELETE

    D. DROP TABLE DELETE 和 REMOVE TABLE

112.【高校考试】设成绩表含有学号 C(6)，姓名 C(6)，课程号 C(3)，课程名 C(16)，成绩 N(3)字段，其中每个学生有唯一的学号，每门课程有唯一的课程号，查询每名学生选修课程的最高分及课程名，正确的命令为：

SELECT 学号,姓名, MAX(成绩) AS 最高分, 课程名 FROM 成绩（　　　）学号

    A. ORDER ON   B. GROUP ON

    C. ORDER BY   D. GROUP BY

113.【高校考试】设有职工表（职工编号，姓名，出生日期，职称）和工资表（职工编号,基本工资,奖金,扣除),查询 74 年以前出生的职工姓名和实发工资,结果存于表 CX.DBF,正确的命令为：

SELECT 姓名, 基本工资+奖金-扣除 AS 实发工资 FROM 职工, 工资 ；

    WHERE（　　　）INTO TABLE CX

    A. 出生日期<=1974

    B. 出生日期>=1974 AND 职工表.职工编号=工资表.职工编号

    C. 职工表.职工编号=工资表.职工编号 AND YEAR(DATE())–YEAR(出生日期) ；
        >=1974

    D. 职工表.职工编号=工资表.职工编号 AND YEAR(出生日期)<=1974

114.【高校考试】设成绩表含有学号 C(6)，姓名 C(6)，课程号 C(3)，课程名 C(16)，成绩 N(3)字段，其中每个学生有唯一的学号，每门课程有唯一的课程号，查询每名学生选修课程的平均分及课程名，正确的命令为：

SELECT 学号, 姓名,（　　　）AS 平均分, 课程名 FROM 成绩 GROUP BY 学号

    A. AVG(成绩)   B. MAX(成绩)

    C. MIN(成绩)   D. SUM(成绩)

二、填空题

1.【国考 2010.3】在 SQL 的 SELECT 查询中，使用_____关键词消除结果中的重复记录。

2.【国考 2010.3】为"学生"表的"年龄"字段增加有效性规则"年龄必须在 18~45 岁之

ALTER TABLE　学生　ALTER　年龄＿＿＿＿＿＿年龄<=45 AND　年龄>=18

3.【国考 2010.3】使用 SQL SELECT 语句进行分组查询时，有时要求分组满足某个条件时才查询，这时可以用＿＿＿＿＿子句来限定分组。

4.【国考 2009.9】为"成绩"表中"总分"字段增加有效性规则："总分必须大于等于 0 并且小于等于 750"，正确的 SQL 语句是：

ALTER TABLE　成绩　ALTER　总分＿＿＿＿＿总分>=0 AND　总分<=750

5.【国考 2009.4】利用 SQL 语句的定义功能建立一个课程表，并且为课程号建立主索引，语句格式为：

CREATE TABLE 课程表(课程号 C(5)＿＿＿＿，课程名 C(30))

6.【国考 2009.4】使用 SQL 语言的 SELECT 语句进行分组查询时，如果希望去掉不满足条件的分组，应当在 GROUP BY 中使用＿＿＿＿＿子句。

7.【国考 2009.4】设有 SC（学号，课程号，成绩）表，下面的 SQL SELECT 语句检索成绩高于或等于平均成绩的学生的学号。

SETECT　学号　FROM SC；

　　　WHERE　成绩 >=(SELECT＿＿＿＿＿FROM SC）

8.【国考 2008.9】不带条件的 SQL DELETE 命令将删除指定表的＿＿＿＿记录。

9.【国考 2008.9】在 SQL SELECT 语句中为了将查询结果存储到临时表中应该使用＿＿＿＿短语。

10.【国考 2009.9】查询设计器中的"分组依据"选项卡与 SQL 语句的＿＿＿＿短语对应。

11.【国考 2008.4】SQL 的 SELECT 语句中，使用＿＿＿＿子句可以消除结果中的重复记录。

12.【国考 2008.4】在 SQL 的 WHERE 子句的条件表达式中，字符串匹配（模糊查询）的运算符是＿＿＿＿。

13.【国考 2008.4】使用 SQL 的 CREATE TABLE 语句定义表结构时，用＿＿＿＿短语说明关键字（主索引）。

14.【国考 2008.4】在 SQL 语句中要查询表 s 在 AGE 字段上取空值的记录，正确的 SQL 语句为：

SELECT * FROM s WHERE＿＿＿＿＿。

15.【国考 2007.9】如下命令查询雇员表中"部门号"字段为空值的记录：

SELECT * FROM 雇员 WHERE 部门号＿＿＿＿。

16.【国考 2007.9】在 SQL 的 SELECT 查询中，HAVING 字句不可以单独使用，总是跟在＿＿＿＿子句之后一起使用。

17.【国考 2007.9】在 SQL 中，插入、删除、更新命令依次是 INSERT、DELETE 和＿＿＿＿。

18.【国考 2007.4】"歌手"表中有"歌手号"、"姓名"、和"最后得分"三个字段，"最后得分"越高名次越靠前，查询前 10 名歌手的 SQL 语句是：

SELECT *＿＿＿＿FROM　歌手　ORDER BY　最后得分＿＿＿＿

19.【国考 2007.4】已有"歌手"表，将该表中的"歌手号"字段定义为候选索引，索引名是 temp，正确的 SQL 语句是：

_____TABLE 歌手 ADD UNIQUE 歌手号 TAG temp

20.【国考 2006.9】在 SQL SELECT 语句中，为了将查询结果存储到永久表，应该使用 _____短语。

21.【国考 2006.9】在 SQL 语句中，空值用_____表示。

22.【国考 2006.9】如下命令将"产品"表的"名称"字段名修改为"产品名称"：

ALTER TABLE 产品 RENAME_____名称 TO 产品名称

23.【国考 2006.4】SQL 支持集合的并运算，运算符是_____。

24.【国考 2006.4】SQL SELECT 语句的功能是_____。

25.【国考 2006.4】"职工"表有"工资"字段，计算工资合计的 SQL 语句是：

　　SELECT_____FROM 职工

26.【国考 2006.4】要在"成绩"表中插入一条记录,应该使用的 SQL 语句是：

_____成绩(学号,英语,数学,语文) VALUES ("2001100111",91,78,86)

第 7 单元 程序设计

一、选择题

1.【国考 2009.4】在 Visual FoxPro 中，用于建立或修改程序文件的命令是（　　）。

    A．MODIFY
               B．MODIFY COMMAND

    C．MODIFY PROCEDURE
       D．上面 B 和 C 都对

2.【国考 2009.4】在 Visual FoxPro 中，程序中不需要用 PUBLIC 等命令明确声明和建立，可直接使用的内存变量是（　　）。

    A．局部变量
    B．私有变量
    C．公共变量
    D．全局变量

3.【国考 2008.9】MODIFY COMMAND 命令建立的文件的默认扩展名是（　　）。

    A．prg
    B．app
    C．cmd
    D．exe

4.【国考 2008.9】欲执行程序 temp.prg，应该执行的命令是（　　）。

    A．DO PRG temp.prg
         B．DO temp.prg

    C．DO CMD temp.prg
       D．DO FORM temp.prg

5.【国考 2007.4】 在 Visual FoxPro 中，如果希望内存变量只能在本模块（过程）中使用，不能在上层或下层模块中使用，说明该种内存变量的命令是（　　）。

    A．PRIVATE
             B．LOCAL

    C．PUBLIC
              D．不用说明，在程序中直接使用

6.【国考 2006.9】如果有定义 LOCAL data，data 的初值是（　　）。

    A．整数 0
             B．不定值

    C．逻辑真
             D．逻辑假

7.【国考 2008.9】下列程序段执行以后，内存变量 y 的值是（　　）。

```
x=76543
y=0
DO WHILE x>0
    y=x%10+y*10
    x=INT(x/10)
ENDDO
```

    A．3456
    B．34567
    C．7654
    D．76543

8.【国考 2008.4】下列程序段执行后，内存变量 s1 的值是（　　）。

```
s1="network"
s1=STUFF(s1,4,4,"BIOS")
```

    A．network
    B．netBIOS
    C．net
    D．BIOS

9.【国考2010.3】下列程序段的输出结果是（　　　）。

```
ACCEPT TO A
IF A=[123]
    S=0
ENDIF
S=1
? S
```

A. 0　　　　　　　B. 1　　　　　　　C. 123　　　　　D. 由A的值决定

10.【国考2009.9】下列程序段执行时在屏幕上显示的结果是（　　　）。

```
X1=20
X2=30
SET UDFPARMS TO VALUE
DO test WITH X1,X2
? X1,X2
PROCEDURE test
    PARAMETERS a,b
    x=a
    a=b
    b=x
ENDPRO
```

A. 30 30　　　　　B. 30 20　　　　　C. 20 20　　　　D. 20 30

11.【国考2009.4】在Visual FoxPro中，有如下程序，函数IIF（）返回值是（　　　）。

```
*程序
PRIVATE X, Y
STORE"男" TO X
Y=LEN(X)+2
? IIF(Y<4,"男", "女")
RETURN
```

A. "女"　　　　　　B. "男"　　　　　C. .T.　　　　　D. .F.

12.【国考2008.4】有下程序，请选择最后在屏幕显示的结果（　　　）。

```
SET EXACT ON
s="ni"+SPACE(2)
IF s=="ni"
    IF s="ni"
        ? "one"
    ELSE
        ? "two"
    ENDIF
ELSE
```

```
      IF s="ni"
          ? "three"
      ELSE
          ? "four"
      ENDIF
  ENDIF
  RETURN
```

  A．one   B．two   C．three   D．four

13．【国考 2008.4】下列程序段执行以后，内存变量 X 和 Y 的值是（   ）。

```
CLEAR
STORE 3 TO X
STORE 5 TO Y
PLUS((X),Y)
? X,Y
PROCEDURE PLUS
    PARAMETERS A1,A2
    A1=A1+A2
    A2=A1+A2
ENDPROC
```

  A．8 13   B．3 13   C．3 5   D．8 5

14．【国考 2008.4】下列程序段执行以后，内存标量 y 的值是（   ）。

```
CLEAR
x=12345
y=0
DO WHILE x>0
    y=y+x
    x=INT(x/10)
ENDDO
? y
```

  A．54321   B．12345   C．51   D．13715

15．【国考 2006.9】下列程序执行以后，内存变量 y 的值是（   ）。

```
x=34567
y=0
DO WHILEx＞0
    y=x%10+y*10
    x=INT(x/10)
ENDDO
```

  A．3456   B．34567   C．7654   D．76543

16.【国考2007.9】下面程序计算一个整数的各位数字之和。在下划线处应填写的语句是
（　　）。

```
SET TALK OFF
INPUT "x=" TO x
s=0
DO WHILE x!=0
    s=s+MOD(x,10)
    (          )
ENDDO
? s
SET TALK ON
```

A．x=INT(x/10)　　　　　　　　B．x= INT(x%10)

C．x=x- INT(x/10)　　　　　　 D．x=x- INT(x%10)

17.【国考2006.9】下面程序中与前面第15题程序段对 y 的计算结果相同的是（　　）。

```
A． x=34567
    y=0
    flag=T
    DO WHILE flag
        y=x%10+y*10
        x=INT(x/10)
        IF x>0
            flag=F
        ENDIF
    ENDDO
B． x=34567
    y=0
    flag=T
    DO WHILE flag
        y=x%10+y*10
        x=INT(x/10)
        IF x=0
            flag=F
        ENDIF
    ENDDO
C． x=34567
    y=0
    flag=T
    DO WHILE flag
        y=x%10+y*10
```

```
        x=INT(x/10)
        IF x>0
            flag=T
        ENDIF
    ENDDO
D.  x=34567
    y=0
    flag=T
    DO WHILE flag
        y=x%10+y*10
        x=INT(x/10)
        IF x>0
            flag=T
        ENDIF
    ENDDO
```

18.【国考2006.9】下列程序段执行以后，内存变量 A 和 B 的值是（   ）。

```
CLEAR
A=10
B=20
SET UDFPARMS TO REFERENCE
DO SQ WITH(A),B
? A, B
PROCEDURE SQ
    PARAMETERS X1, Y1
    X1=X1*X1
    Y1=2*X1
ENDPROC
```

    A. 10 200   B. 100 200   C. 100 20   D. 10 20

19.【国考2006.4】如果在命令窗口执行命令：LIST 名称，主窗口中显示：

记录号	名称
1	电视机
2	计算机
3	电话线
4	电冰箱
5	电线

假定"名称"字段为字符型、宽度为6，那么下面程序段的输出结果是（   ）。

```
GO 2
SCAN NEXT 4 FOR LEFT(名称,2)="电"
    IF RIGHT(名称,2)="线"
```

> EXIT
>
> ENDIF
>
> ENDSCAN
>
> ? 名称

A．电话线　　　　B．电线　　　　C．电冰箱　　　　D．电视机

20．【高校考试】在 DO WHILE…ENDDO 循环结构中，EXIT 命令的作用是（　　）。

A．退出过程，返回程序开始处

B．转移到 DO WHILE 语句行，开始下一个判断和循环

C．终止循环，将控制转移到本循环结构 ENDDO 后面的下一条语句执行

D．终止程序执行

21．【高校考试】结构化程序设计的三种基本逻辑结构是（　　）。

A．选择结构、循环结构和嵌套结构

B．顺序结构、选择结构和循环结构

C．选择结构、循环结构和模块结构

D．顺序结构、递归结构和循环结构

22．【高校考试】在 VFP 中，关于过程调用叙述正确的是（　　）。

A．当实参的数量少于形参的数量时，多余的形参初值取逻辑假

B．当实参的数量多于形参的数量时，多余的实参被忽略

C．实参与形参的数量必需相等

D．上面的 A 和 B 都正确

23．【高校考试】下列四条叙述中，正确的叙述是（　　）。

A．在命令窗口中被赋值的变量均为局部变量

B．在命令窗口中用 PRIVATE 命令说明的变量均为局部变量

C．在被调用的下级程序中用 PUBLIC 命令说明的变量都是全局变量

D．在程序中用 PRIVATE 命令说明的变量均为局部变量

24．【高校考试】若将过程或函数放在单独的程序文件中，可以在应用程序中使用（　　）。命令访问它们。

A．SET PROCEDURE TO<文件名>

B．SET FUNCTION TO<文件名>

C．SET PROGROM TO<文件名>

D．SET POUNTINE TO<文件名>

25．【高校考试】在 DO WHILE … ENDDO 循环结构中，LOOP 命令的作用是（　　）。

A．退出过程，返回程序开始处

B．转移到 DO WHILE 语句行，开始下一个判断和循环

C．终止循环，将控制转移到本循环结构 ENDDO 后面的第一条语句继续执行

D．终止程序执行

26．【高校考试】私有变量用（　　）来定义。

A．PUBLIC　　　　　　　　　　B．PRIVATE

C．LOCAL　　　　　　　　　　D．PROTECT

27.【高校考试】执行下列程序，显示结果为（　　　）。

```
*.main.prg
x=5
y=7
DO sub1
? x,y
PROCEDURE sub1
    PRIVATE y
    x=10
    y=x
RETURN
```

A. 5 7　　　　　　B. 错误　　　　　　C. 5 10　　　　　D. 10 7

28.【高校考试】下面程序执行后，输出的 s 值为（　　　）。

```
s=10
FOR k=8 TO 1 STEP -2
    s=s+k
ENDFOR
? s
```

A. 25　　　　　　B. 30　　　　　　C. 20　　　　　　D. 36

29.【高校考试】下列程序执行后的显示结果为（　　　）。

```
dj=40
DO CASE
    CASE dj<10
        ? "单价小于 10"
    CASE dj>=10
        ? "单价大于等于 10"
    CASE dj>=20
        ? "单价大于等于 20"
    CASE dj>=30
        ? "单价大于等于 30"
ENDCASE
```

A. 单价小于 10　　　　　　　　B. 单价大于等于 10
C. 单价大于等于 20　　　　　　D. 单价大于等于 30

30.【高校考试】在 VFP 中有如下程序（　　　）。

```
*程序名：test.prg
SET TALK OFF
CLOSE ALL
CLEAR ALL
mX="Visual FoxPro"
```

```
    mY="二级"
    DO SUB1 WITH mY
    ? mX+mY
    RETURN
    *子程序：SUB1.prg
    PROCEDURE SUB1
        PARAMETERS mY
        LOCAL mX
        mX="Visual FoxPro DBMS 考试"
        mY="大学生计算机等级考试"+mY
    RETURN
```

执行命令 Do test 后，屏幕的显示结果为（　　　）。

A．Visual FoxPro 二级

B．大学生计算机等级二级 Visual FoxPro DBMS 考试

C．二级 Visual FoxPro DBMS 考试

D．Visual FoxPro 大学生计算机等级考试二级

31.【高校考试】现有下列程序

```
    SET TALK OFF
    x=200
    y=100
    DO sub1
    ? x,y
    SET TALK ON
    PROC sub1
        PRIV x
        LOCAL y
        x=300
        DO sub2
    RETU
    PROC sub2
        y=400
    RETU
```

上述程序执行后，显示结果为（　　　）。

A．200　400　　　B．200　100　　　C．300　400　　　D．300　100

32.【高校考试】运行下列程序后，语句? "123"被执行的次数是（　　　）。

```
    I=0
    DO WHILE I<10
        IF INT(I/2)=I/2
            ? "123"
```

```
        ENDIF
        ? "ABC"
        I=I+1
    ENDDO
    RETURN
```

    A. 10   B. 5   C. 11   D. 6

33.【高校考试】如果在 VFP 程序中使用的内存变量允许所有的程序和过程调用它，则该内存变量必须定义为（   ）。

    A. LOCAL   B. PRIVATE   C. PUBLIC   D. GLOBA

34.【高校考试】执行下列程序后，显示结果为（   ）。

```
    *MAIN.prg
    PRIV x
    x=10
    DO sub1
    ?? x,y
    RETU
    PROC sub1
        PUBLIC y
        y=5
        x=y
        ? x,y
    RETU
```

    A. 5 5 10 5   B. 5 10 10 10   C. 10 10 5 10   D. 5 5 5 5

35.【高校考试】设有如下程序，其功能是（   ）。

```
    USE 职工
    SCAN ALL
        IF 工资>=600
            SKIP
            LOOP
        ENDIF
        DISPLAY
        SKIP
    ENDSCAN
```

    A. 显示所有工资大于等于 600 的记录

    B. 显示所有工资小于 600 的记录

    C. 显示部分工资大于等于 600 的记录

    D. 显示部分工资小于 600 的记录

36.【高校考试】有如下的程序：

```
    SET TALK OFF
```

```
    M=0
    N=0
    DO WHILE N>M
        M=M+N
        N=N-10
    ENDDO
    ? M
    RETURN
```

运行此程序后 M 的值为（　　）。

    A．0　　　　　　　B．10　　　　　　　C．100　　　　　　D．99

37.【高校考试】执行下列程序显示结果为（　　）。

```
    *main.prg
    x=5
    y=7
    DO sub1
    ? x,y
    PROC sub1
        PRIV y
        x=10
        y=x
    RETU
```

    A．5　7　　　　　B．错误　　　　　C．5　　10　　　　D．10　7

38.【高校考试】运行下列程序段执行的功能是（　　）。

```
    USE GZ
    DO WHILE . NOT. EOF()
        IF 性别="男"
            SKIP
            LOOP
        ENDIF
        REPLACE 奖金 WITH 奖金+100
        SKIP
    ENDDO
    USE
```

    A．将性别为"男"的所有职工奖金增加 100 元

    B．将性别为"女"的所有职工奖金增加 100 元

    C．只将性别为"女"的当前职工奖金增加 100 元

    D．只将性别为"男"的当前职工奖金增加 100 元

39.【高校考试】现有如下程序：

```
    R=1
```

```
        DO WHILE r<20
            ? r,AREA(r)
            r=INT(AREA(r))
        ENDDO
        FUNCTION area
            PARAMETERS r
        RETURN 3.14*r^2
```

上述程序执行后，显示结果为（　　　）。

  A. 3　3.1400

    1　28.2600

  B. 1　3.1400

    3　28.2600

  C. 1　28.2600

    1　3.1400

  D. 3　3.1400

40.【高校考试】有如下程序：

```
        *主程序 SS.PRG
        SET TALK OFF
        X=10
        A=2
        B=3
        DO SUB1 WITH A,B
        ? X,A,B
        SET TALK ON
        RETURN
        *子程序 SUB1.PRG
        PROCEDURE SUB1
            PARAMETER A,B
            X=A+10
            A=A+B
        RETURN
```

执行命令 DO　SS 之后，第一行输出的结果是（　　　）。

  A. 12 5 3   B. 10 5 3   C. 12 2 3   D. 10 2 3

41.【高校考试】在 Visual FoxPro 中，既不能被上级例程访问也不能被下级例程访问的变量类型是（　　　）。

  A. 局部变量   B. 私有变量

  C. 公共变量   D. 私有变量和局部变量

42.【高校考试】Visual FoxPro 中的变量按存储方式可以分为（　　　）。

  A. 全局变量、局部变量   B. 数组变量、内存变量

C．字段变量、内存变量　　　　　D．数组变量、字段变量

43.【高校考试】在 Visual FoxPro 中，如果希望一个内存变量只限于在本过程使用，说明这种内存变量的命令是（　　　）。

　　A．PRIVATE

　　B．PUBLIC

　　C．LOCAL

　　D．在程序中直接使用的内存变量（不通过 A、B、C 说明）

44.【高校考试】能被所有程序访问的变量类型为（　　　）。

　　A．局部变量　　　　　　　　　　B．私有变量

　　C．公共变量　　　　　　　　　　D．私有变量和局部变量

45.【高校考试】有如下程序：

```
*主程序 ZCX.PRG
SET TALK OFF
K1='AB'
DO ZCX1
? K1
RETURN
*子程序.PRG
PROCEDURE ZCX1
    K1=K1+'200'
    ? K1
RETURN
```

执行命令 DO ZCX 后，屏幕显示的结果为（　　　）。

　　A．AB

　　　　AB200

　　B．AB200

　　　　AB200

　　C．AB200

　　　　AB

　　D．200

　　　　200

46.【国考 2007.9】在 Visual FoxPro 中，过程的返回语句是（　　　）。

　　A．GOBACK　　　　　　　　　　B．COMEBACK

　　C．RETURN　　　　　　　　　　D．BACK

二、填空题

1.【高校考试】有如下的程序：

主程序 ZZ.PRG

```
SET TALK OFF
STORE 2 TO X1,X2,X3
X1=X1+1
DO z1
? X1+X2+X3
RETURN
*子程序 z1.prg
PROCEDURE z1
    X2=X2+1
    DO z2
    ? X1+X2+X3
RETURN
*子程序 z2.prg
PROCEDURE z2
    X3=X3+1
RETURN TO MASTER
```

程序运行结果为：_____。

2.【国考 2009.4】符合结构化原则的三种基本控制结构分别是：选择结构、循环结构和_____。

3.【国考 2009.4】在 Visual FoxPro 中，程序文件的扩展名是_____。

4.【国考 2009.4】在 Visual FoxPro 中，有如下程序：

```
*程序名：TEST.PRG
SET TALK OFF
PRIVATE X,Y
X="数据库"
Y="管理系统"
DO subl
? X+Y
RETURN
*子程序：subl
PROC subl
    LOCAL X
    X="应用"
    Y="系统"
    X=X+Y
RETURN
```

执行命令 DO TEST 后，屏幕显示的结果应是_____。

5.【国考 2008.4】在 Visual FoxPro 中，如果要在子程序中创建一个只在本程序中使用的变量 XL（不影响上级或下级的程序），应该使用_____说明变量。

6.【国考2007.4】执行下列程序，显示的结果是_____。

```
one="WORK"
two=" "
a=LEN(one)
i=a
DO WHILE i>=1
    two=two+SUBSTR(one，i，1)
    i=i-1
ENDDO
? two
```

7.【国考2006.9】可以在项目管理器的_____选项卡下建立命令文件（程序）。

第8单元 表单设计与应用

一、选择题

1. 【国考 2010.3】在 Visual FoxPro 中，下面关于属性、事件、方法叙述错误的是（　　）。
   A. 属性用于描述对象的状态
   B. 方法用于描述对象的行为
   C. 事件代码可以像方法一样被显式调用
   D. 基于同一个类产生的两个对象的属性不能分别设置自己的属性值

2. 【国考 2009.9】在 Visual FoxPro 中，下面关于属性，方法和事件的叙述错误的是（　　）。
   A. 属性用于描述对象的状态，方法用于表示对象的行为
   B. 基于同一个类产生的两个对象可以分别设置自己的属性值
   C. 事件代码也可以像方法一样被显式调用
   D. 在创建一个表单时，可以添加新的属性、方法和事件

3. 【国考 2008.9】在面向对象程序设计方法中，不属于"对象"基本特点的是（　　）。
   A. 一致性　　　　B. 分类性　　　　C. 多态性　　　　D. 标识唯一性

4. 【国考 2008.4】下面关于命令 DO FORM XX NAME YY LINKED 的陈述中，正确的是（　　）。
   A. 产生表单对象引用变量 XX，在释放变量 XX 时自动关闭表单
   B. 产生表单对象引用变量 XX，在释放变量 XX 时并不关闭表单
   C. 产生表单对象引用变量 YY，在释放变量 YY 时自动关闭表单
   D. 产生表单对象引用变量 YY，在释放变量 YY 时并不关闭表单

5. 【国考 2006.4】扩展名为 SCX 的文件是（　　）。
   A. 备注文件　　　B. 项目文件　　　C. 表单文件　　　D. 菜单文件

6. 【国考 2009.9】表单文件的扩展名是（　　）。
   A. frm　　　　　B. prg　　　　　C. scx　　　　　D. vcx

7. 【国考 2008.9】打开已经存在的表单文件的命令是（　　）。
   A. MODIFY FORM　　　　　　　B. EDIT FORM
   C. OPEN FORM　　　　　　　　D. READ FORM

8. 【国考 2010.3】在表单中为表格控件指定数据源的属性是
   A. DataSource　　B. RecordSource　　C. DataFrom　　D. RecordFrom

9. 【国考 2010.3】将当前表单从内存中释放的正确语句是（　　）。
   A. ThisForm.Close　　　　　　B. ThisForm.Clear
   C. ThisForm.Release　　　　　D. ThisForm.Refresh

10.【国考 2009.9】设置文本框显示内容的属性是（　　）。

　　A．Value　　　　　B．Caption　　　　　C．Name　　　　　D．Inputmask

11.【国考 2009.9】为了隐藏在文本框中输入的信息，用占位符代替显示用户输入的字符，需要设置的属性是（　　）。

　　A．Value　　　　　B．ControlSource　C．InputMask　　　D．PasswordChar

12.【国考 2009.9】假设某表单的 Visible 属性的初值是.F.，能将其设置为.T.的方法是（　　）。

　　A．Hide　　　　　B．Show　　　　　C．Release　　　　D．SetFocus

13.【国考 2009.9】让隐藏的 MeForm 表单显示在屏幕上的命令是（　　）。

　　A．MeForn.Display　　　　　B．MeForn.Show

　　C．Meforn.List　　　　　　　D．MeForm.See

14.【国考 2009.4】在 Visual FoxPro 中，假设表单上有一选项组：○男⊙女，初始时该选项组的 Value 属性值为 1。若选项按钮"女"被选中，该选项组的 Value 属性值是（　　）。

　　A．1　　　　　B．2　　　　　C．"女"　　　　　D．"男"

15.【国考 2008.9】设置表单标题的属性是（　　）。

　　A．Title　　　　　B．Text　　　　　C．Biaoti　　　　D．Caption

16.【国考 2008.9】释放和关闭表单的方法是（　　）。

　　A．Release　　　　B．Delete　　　　C．LostFocus　　　D．Destory

17.【国考 2008.9】执行命令 MyForm=CreateObject("Form")可以建立一个表单，为了让该表单在屏幕上显示，应该执行命令（　　）。

　　A．MyForm.List　　　　　　B．MyForm.Display

　　C．MyForm.Show　　　　　　D．MyForm.ShowForm

18.【国考 2008.9】页框控件也称作选项卡控件，在一个页框中可以有多个页面，页面个数的属性是（　　）。

　　A．Count　　　　B．Page　　　　C．Num　　　　D．PageCount

19.【国考 2008.9】假定一个表单里有一个文本框 Text1 和一个命令按钮组 CommandGroup1。

命令按钮组是一个容器对象，其中包含 Command1 和 Command2 两个命令按钮。如果要在 Command1 命令按钮的某个方法中访问文本框的 Value 属性值，正确的表达式是（　　）。

　　A．This.ThisForm.Text1.Value　　　B．This.Parent.Parent.Text1.Value

　　C．Parent.Parent.Text1.Value　　　D．This.Parent.Text1.Value

20.【国考 2008.4】下面属于表单方法名（非事件名）的是（　　）。

　　A．Init　　　　B．Release　　　　C．Destroy　　　D．Caption

21.【国考 2008.4】下列表单的哪个属性设置为真时，表单运行时将自动居中（　　）。

　　A．AutoCenter　　　　　　　B．AlwaysOnTop

　　C．ShowCenter　　　　　　　D．FormCenter

22.【国考 2008.4】表单里有一个选项按钮组，包含两个选项按钮 Option1 和 Option2，假设 Option2 没有设置 Click 事件代码，而 Option1 以及选项按钮和表单都设置了 Click 事件代码，那么当表单运行时，如果用户单击 Option2，系统将（　　）。

　　A．执行表单的 Click 事件代码　　　B．执行选项按钮组的 Click 事件代码

C．执行 Option1 的 Click 事件代码　　D．不会有反应

23.【国考 2008.4】表单名为 myForm 的表单中有一个页框 myPageFrame，将该页框的第 3 页(Page3)的标题设置为"修改"，可以使用代码（　　　）。

    A．myForm.Page3.myPageFrame.Caption="修改"

    B．myForm.myPageFrame.Caption.Page3="修改"

    C．Thisform.myPageFrame.Page3.Caption="修改"

    D．Thisform.myPageFrame.Caption.Page3="修改"

24.【国考 2007.9】在 Visual Foxpro 中，Unload 事件的触发时机是（　　　）。

    A．释放表单　　　　　　　　　　B．打开表单

    C．创建表单　　　　　　　　　　D．运行表单

25.【国考 2007.9】在表单设计中，经常会用到一些特定的关键字、属性和事件。下列各项中属于属性的是（　　　）。

    A．This　　　　　B．ThisForm　　　C．Caption　　　D．Click

26.【国考 2007.4】在 Visual FoxPro 中调用表单 mf1 的正确命令是（　　　）。

    A．DO mf1　　　　　　　　　　　B．DO FROM mf1

    C．DO FORM mf1　　　　　　　　D．RUN mf1

27.【国考 2007.4】有 Visual FoxPro 中，释放表单时会引发的事件是（　　　）。

    A．UnLoad 事件　　B．Init 事件　　　C．Load 事件　　　D．Release 事件

28.【国考 2006.9】假设表单 My Form 隐藏着，让该表单在屏幕上显示的命令是（　　　）。

    A．MyForm.List　　　　　　　　B．MyForm.Display

    C．MyForm.Show　　　　　　　　D．MyForm.ShowForm

29.【国考 2006.9】关闭表单的程序代码是 ThisForm.Release，Release，是（　　　）。

    A．表单对象的标题　　　　　　　B．表单对象的属性

    C．表单对象的事件　　　　　　　D．表单对象的方法

30.【国考 2006.9】如果运行一个表单，以下事件首先被触发的是（　　　）。

    A．Load　　　　　B．Error　　　　　C．Init　　　　　D．Click

31.【国考 2006.4】表格控件的数据源可以是（　　　）。

    A．视图　　　　　　　　　　　　B．表

    C．SQL SELECT 语句　　　　　　D．以上三种都可以

32.【国考 2006.4】假设表单上有一选项组：⊙男 ○女，其中第一个选项按钮"男"被选中。请问该选项组的 Value 属性值为（　　　）。

    A．.T.　　　　　B．"男"　　　　　C．1　　　　　D．"男"或1

33.【国考 2006.4】以下所列各项属于命令按钮事件的是（　　　）。

    A．Parent　　　　B．This　　　　　C．ThisForm　　　　D．Click

34.【高校考试】释放当前表单的程序代码是 ThisForm.Release，其中，Release 是表单对象的（　　　）。

    A．标题　　　　　B．属性　　　　　C．事件　　　　　D．方法

35.【高校考试】某一"开始表单"上有一个标签 Labell、一个计时器 Timerl、一个图像 Imagel 和两个命令按钮 Command1 和 Command2。要让表单运行 3 秒后自动释放，可以使用

计时器控件，此时应将计时器 Timer1 的 Interval 属性设置为（　　）。

    A．3　　　　　　　B．30　　　　　　　C．300　　　　　　　D．3000

36.【高校考试】某一"口令表单"上有一个标签 Label1、一个文本框 Text1 和两个命令按钮 Command1 和 Command2。为了在按下 Esc 键时执行命令按钮 Command2（"取消"按钮）的 Click 事件过程，需要把该命令按钮的（　　）属性设置为.T.（真）。

    A．Value　　　　　B．Default　　　　　C．Cancel　　　　　D．Enabled

37.【高校考试】对于表单，下面属性在程序运行时设置不起作用的是（　　）。

    A．Left　　　　　　B．Top　　　　　　C．MaxButton　　　　D．BackColor

38.【高校考试】某一"口令表单"上有一个标签 Label1、一个文本框 Text1 和两个命令按钮 Command1 和 Command2。若要使标签控件显示其背景色不与表单背景色相同，要对它的（　　）属性进行设置。

    A．ForeColor　　　B．BackColor　　　C．BorderStyle　　　D．DisableBackcolor

39.【高校考试】某一"查询表单"上有一个标签 Label1、一个文本框 Text1、一个选项按钮组 Optiongroup1（其中有 4 个选项按钮）、一个复选框 Check1 和两个命令按钮 Command1 和 Command2。要表示复选框为被选中状态应对 Check1 的（　　）属性进行设置。

    A．Visible　　　　　B．Caption　　　　C．Enabled　　　　　D．Value

40．【高校考试】有程序代码：Thisform.Label1.Caption="Visual FoxPro"，则：Thisform.Label1、Caption、"Visual FoxPro"分别代表（　　）。

    A．对象、值、属性　　　　　　　　　B．对象、方法、属性

    C．对象、属性、值　　　　　　　　　D．属性、对象、值

41.【高校考试】某一"口令表单"上有一个标签 Label1、一个文本框 Text1 和两个命令按钮 Command1 和 Command2。要使表单的标题显示"输入密码"，可在表单 Form1 的 Load 事件代码中写入相应语句，以下语句错误的是（　　）。

    A．Thisform.Caption=[输入密码]　　B．Form1.Caption=[输入密码]

    C．This.Caption="输入密码"　　　　　D．Thisform.Caption= "输入密码"

42.【高校考试】某一"开始表单"上有一个标签 Label1、一个计时器 Timert1、一个图像 Image1 和两个命令按钮 Command1 和 Command2。若要将图像设置为背景透明，应设置 Image1 的（　　）属性。

    A．BackStyle　　　　　　　　　　　B．BackColor

    C．BorderStyle　　　　　　　　　　D．DisableBackColor

43.【高校考试】VFP 中常用的表单方法有四种，下列不属于表单方法的是（　　）。

    A．Thisform.Show　　　　　　　　　B．Thisform.Load

    C．Thisform.Refresh　　　　　　　　D．Thisform.Release

44.【高校考试】某一"查询表单"上有一个标签 Label1、一个文本框 Text1、一个选项按钮组 Optiongroup1（其中有 4 个选项按钮）、一个复选框 Check1 和两个命令按钮 Command1 和 Command2。关于选项按钮组控件正确的说法是（　　）。

    A．VFP 默认有 4 个选项按钮　　　B．可以设置对选项按钮的多选和单选

    C．不能设置为只有一个选项按钮　　D．被选中的选项按钮的 Value 属性为 1

45.【高校考试】某一"查询表单"上有一个标签 Label1、一个文本框 Text1、一个选项

按钮组 Optiongroup1（其中有 4 个选项按钮）、一个复选框 Check1 和和两个命令按钮 Command1 和 Command2。若将表单 Form1 的 FontName 属性设置为"隶书"，则（　　　）。

    A．表单上所有控件的 FontName 属性与其相同

    B．表单标题字体为"隶书"

    C．用显示输出命令在表单上显示的内容为"隶书"

    D．没有任何作用

46.【高校考试】新创建的表单默认标题为 Form1，为了修改表单的标题，应设置表单的（　　　）。

    A．AlwaysOnTop 属性　　　　　　　B．Caption 属性

    C．Name 属性　　　　　　　　　　　D．Title 属性

47.【高校考试】某一"查询表单"上有一个标签 Label1、一个文本框 Text1、一个选项按钮组 Optiongroup1（其中有 4 个选项按钮）、一个复选框 Check1 和两个命令按钮 Command1 和 Command2。控件中属于容器类控件的是（　　　）。

    A．Text　　　　B．Optiongroup　　　　C．Check　　　　D．Command

48.【高校考试】某一"查询表单"上有一个标签 Label1、一个文本框 Text1、一个选项按钮组 Optiongroup1（其中有 4 个选项按钮）、一个复选框 Check1 和两个命令按钮 Command1 和 Command2。在"确认按钮"Command1 的 Click 事件代码中，引用第一个选项按钮的标题属性时正确的是（　　　）。

    A．Thisform.Option1.Caption

    B．Thisform.Optiongroup1. Caption

    C．Thisform.Optiongroup1. Option1.Caption

    D．This.parent.Option1.Caption

49.【高校考试】某一"查询表单"上有一个标签 Label1、一个文本框 Text1、一个选项按钮组 Optiongroup1（其中有 4 个选项按钮）、一个复选框 Check1 和两个命令按钮 Command1 和 Command2。关于复选框控件正确的说法是（　　　）。

    A．复选框可以设置成与命令按钮相同的外观

    B．复选框可以设置成与选项按钮相同的外观

    C．复选框 Value 属性值可以是.T. 或.F.

    D．复选框没有 Caption 属性

50.【高校考试】为了在运行时能显示表单左上角的控制框（系统菜单），必须（　　　）。

    A．把表单的 ControlBox 属性设置为 False，其他属性任意

    B．把表单的 ControlBox 属性设置为 True，其他属性任意

    C．把表单的 ControlBox 属性设置为 True，同时把 TitleBar 属性设置为 0 值

    D．把表单的 ControlBox 属性设置为 True，同时把 TitleBar 属性设置为 1 值

51.【高校考试】某一"口令表单"上有一个标签 Label1、一个文本框 Text1 和两个命令按钮 Command1 和 Command2。当用户输入口令不正确时，想要在文本框中显示提示文字："口令错误！"，应在"确认"命令按钮 Command1 的 Click 事件的代码中对文本框 Text1 进行属性设置（　　　）。

    A．Thisform.Text1.PasswordChar="*"与 Thisform.Text1.Text="口令错误！"

B．Thisform.Text1.PasswordChar=" "与 Thisform.Text1.Text="口令错误！"

C．Thisform.Text1.PasswordChar="*"与 Thisform.Text1.Value="口令错误！"

D．Thisform.Text1.PasswordChar=" "与 Thisform.Text1.Value="口令错误！"

52.【高校考试】在 Visual FoxPro 中，为了将表单从内存中释放（清除），可将表单中的退出命令按钮的 Click 事件代码设置为（　　）。

　　A．Thisform.Delete　　　　　　　　B．Thisform.Hide

　　C．Thisform.Refresh　　　　　　　　D．Thisform.Release

53.【高校考试】某一"口令表单"上有一个标签 Label1、一个文本 Text1 和两个命令按钮 Command1 和 Command2。若要使标签控件显示时不覆盖其背景内容，要对它的（　　）属性进行设置。

　　A．BackStyle　　　　　　　　　　　B．Backcolor

　　C．BorderStyle　　　　　　　　　　D．DisableBackcolor

54.【高校考试】某一"口令表单"上有一个标签 Label1、一个文本框 Text1 和两个命令按钮 Command1 和 Command2。在命令按钮 Command1 的 Click 事件代码中要判断用户输入的口令是否正确,若正确就调用表单文件"主表单.scx",其中,调用"主表单"的命令是（　　）。

　　A．DO 主表单　　　　　　　　　　B．DO FORM 主表单

　　C．DO "主表单"　　　　　　　　　D．DO FORM "主表单"

55.【高校考试】不论什么控件，都具有的属性是（　　）。

　　A．Caption　　　　B．Name　　　　C．Text　　　　D．ForeColor

56.【高校考试】新创建的表单默认标题为 Form1，为了修改表单的标题，应设置表单的（　　）。

　　A．AlwaysOnTop 属性　　　　　　B．Caption 属性

　　C．Name 属性　　　　　　　　　　D．Title 属性

57.【高校考试】某一"开始表单"上有一个标签 Label1、一个计时器 Timer1、一个图像 Image1 两个命令按钮 Command1 和 Command2。要让标签 Label1 在表单上每半秒钟闪一次，应将计时器控件 Timer1 的 Interval 属性设置为（　　）。

　　A．0.5　　　　　　B．5　　　　　　C．50　　　　　　D．500

58.【高校考试】某一"开始表单"上有一个标签 Label1、一个计时器 Timer1、一个图像 Image1 和两个命令按狙 Command1 和 Command2。若要使标签的文字加有边框，应设置 Label1 的（　　）属性。

　　A．BackStyle　　B．BackColor　　C．BorderStyle　　D．DisableBackColor

59.【高校考试】在 VFP 中，表单（Form）是指（　　）。

　　A．数据库中各个表的清单　　　　B．一个表中各个记录的清单

　　C．数据库查询的列表　　　　　　D．窗口界面

60.【高校考试】某一"口令表单"上有一个标签 Label1、一个文本框 Text1 和两个命令按钮 Command1 和 Command2。文本框控件所不具有的属性是（　　）。

　　A．Caption　　　　B．Name　　　　C．Text　　　　D．Value

61.【高校考试】某一"口令表单"上有一个标签 Label1、一个文本框 Text1 和两个命令按钮 Command1 和 Command2。为了在按下回车键时执行命令按钮 Command2（"确认"按

钮）的 Click 事件过程，需要把该命令按钮的（　　）属性设置为.T.（真）。

    A. Value   B. Default   C. Cancel   D. Enabled

62.【高校考试】某一"开始表单"上有一个标签 Label1、一个计时器 Timert1、一个图像 Image1 和两个命令按钮 Command1 和 Command2。对于两个命令按钮 Command1 和 Command2，下列说法不正确的是（　　）。

    A. 可以同时选中两个命令按钮进行相同的字体与字号的设置

    B. 两个命令按钮的标题不能是相同的

    C. 创建 Command1 以后，通过先复制后粘贴的方法可创建 Command2。

    D. 双击"表单控件"工具栏的"命令按钮"按钮，然后两次在表单上单击，即可创建 Command1 和 Command2

63.【高校考试】某一"查询表单"上有一个标签 Label1、一个文本框 Text1、一个选项按钮组 Optiongroup1（其中有 4 个选项按钮）、一个复选框 Check1 和和两个命令按钮 Command1 和 Command2。在"确认按钮"Command1 的 Click 事件代码中，能够把焦点移到文本框控件 Text1 上的语句是（　　）。

    A. Thisform.Text1.GetFocus   B. Thisform.Text1.GetFocus=True

    C. Thisform.Text1.SetFocus   D. Thisform.Text1.SetFocus=True

64.【高校考试】以下叙述中错误的是（　　）。

    A. 双击鼠标可以触发 DblClick 事件

    B. 表单或控件的事件的名称可以由编程人员确定

    C. 移动鼠标时，会触发 MouseMove 事件

    D. 控件的名称可以由编程人员设定

65.【高校考试】某一"口令表单"上有一个标签 Label1，一个文本框 Text1 和两个命令按钮 Command1 和 Command2。若要对标签的文字设置字号，应设置（　　）属性。

    A. Caption   B. FontBold   C. FontName   D. FontSize

二、填空题

1.【国考 2009.9】命令按钮的 Cancel 属性的默认值是_____。

2.【国考 2008.9】在表单中设计一组复选框（CheckBox）控件是为了可以选择_____个或_____个选项。

3.【国考 2007.9】在 Visual FoxPro 中，在运行表单时最先引发的表单事件是_____事件。

4.【国考 2007.9】在 Visual FoxPro 表单中，当用户使用鼠标单击命令按钮时，会触发命令按钮的____事件。

5.【国考 2007.9】在 Visual FoxPro 中，假设表单上有一选项组：○男○女，该选项组的 Value 属性值赋为 0。当其中的第一个选项按钮"男"被选中，该选项组的 Value 属性值为____。

6.【国考 2007.9】在 Visual FoxPro 表单中，用来确定复选框是否被选中的属性是_____。

7.【国考 2007.4】为使表单运行时在主窗口中居中显示，应设置表单的 AutoCenter 属性值为_____。

8.【国考 2006.9】在表单设计器中可以通过_____工具栏中的工具快速对齐表单中的控件。

9.【国考 2009.9】可以使编辑框的内容处于只读状态的两个属性是 ReadOnly 和_____。

10.【国考 2008.9】为了在文本框输入时隐藏信息(如显示"*"),需要设置该控件的_____属性。

第 **9** 单元　菜单设计与应用

一、选择题

1.【国考 2008.9】扩展名为 mpr 的文件是（　　）。

　　A. 菜单文件　　　　　　　　　　B. 菜单程序文件

　　C. 菜单备注文件　　　　　　　　D. 菜单参数文件

2.【国考 2008.9】在菜单设计中，可以在定义菜单名称时为菜单项指定一个访问键。规定了菜单项的访问键为 "x" 的菜单名称定义是（　　）。

　　A. 综合查询\<(x)　　　　　　　　B. 综合查询/<(x)

　　C. 综合查询(\<x)　　　　　　　　D. 综合查询(/<x)

3.【国考 2007.9】在 Visual FoxPro 中，菜单程序文件的默认扩展名是（　　）。

　　A. mnx　　　　　B. mnt　　　　　C. mpr　　　　　D. prg

4.【国考 2006.4】在 Visual FoxPro 中，要运行菜单文件 menul.mpr，可以使用命令（　　）。

　　A. DO menul　　　　　　　　　　B. DO menul.mpr

　　C. DO MENU menul　　　　　　　D. RUN menul

5.【国考 2006.4】以下是与设置系统菜单有关的命令，其中错误的是（　　）。

　　A. SET SYSMENU DEFAULT　　　B. SET SYSMENU TO DEFAULT

　　C. SET SYSMENU NOSAVE　　　　D. SET SYSMENU SAVE

6.【高校考试】假设已经生成了名为 mymenu 的菜单文件，执行该菜单文件的命令是（　　）。

　　A. DO mymenu　　　　　　　　　B. DO MENU mymenu

　　C. DO mymenu.mnx　　　　　　　D. DO mymenu.mpr

7.【高校考试】使用菜单设计器设计菜单时，可以为菜单项设置键盘访问键，方法是在菜单名称的欲设置为访问键的字母前加上两个字符（　　）。

　　A. \<　　　　　B. <\　　　　　C. /<　　　　　D. </

8.【高校考试】关于菜单设计，以下叙述正确的是（　　）。

　　A. 用户自定义菜单中不可以插入系统菜单

　　B. 菜单项的启动和禁止只能在菜单设计器中设置

　　C. 用户自定义菜单中可以插入系统菜单

　　D. 为菜单项设置的键盘快捷键只有在菜单被激活的情况下才起作用

9.【高校考试】在 Visual Foxpro 中，菜单设计的结果应作为菜单的定义保存在（　　）。

　　A. 扩展名为.MNT 的文件中

　　B. 扩展名为.MNX 的文件中

　　C. 扩展名为.MPR 的文件中

D．扩展名为.MPX 的文件中

10.【高校考试】若要创建 SDI（单文档界面）菜单，要在（　　）对话框中选中"顶层表单"选项。

A．常规选项　　　　B．菜单选项　　　　C．工具栏　　　　D．以上都不是

11.【高校考试】使用菜单设计器所创建的菜单文件的扩展名是（　　）。

A．.MNX　　　　　B．.PJT　　　　　　C．.PRG　　　　　D．.QPR

12.【高校考试】使用菜单设计器定义菜单，最后生成的菜单程序文件的扩展名是（　　）。

A．MNR　　　　　B．MNX　　　　　　C．MPR　　　　　D．MPX

13.【高校考试】弹出式菜单可以分组，插入分组线的方法是在"菜单名称"项中输入两个字符（　　）。

A．-\　　　　　　B．\-　　　　　　　C．-/　　　　　　D．/-

二、填空题

1.【国考 2008.4】在 Visual FoxPro 中，假设当前文件夹中有菜单程序文件 mymenu.mpr，运行该菜单程序的命令是＿＿＿＿＿＿＿＿＿＿。

2.【国考 2006.4】要将一个弹出式菜单作为某个控件的快捷菜单，通常是在该控件的＿＿＿＿＿事件代码中添加调用弹出式菜单程序的命令。

第 *10* 单元 报表和标签设计

一、选择题

1.【国考 2010.3】报表的数据源可以是（   ）。
    A．表或视图　　　　　　　　　B．表或查询
    C．表、查询或视图　　　　　　D．表或其他报表

2.【国考 2010.3】为了在报表中打印当前时间，这时应该插入一个（   ）。
    A.表达式控件　　B.域控件　　　　C.标签控件　　　D.文本控件

3.【国考 2009.4】在 Visual FoxPro 中，报表的数据源不包括（   ）。
    A．视图　　　　B．自由表　　　C．查询　　　D．文本文件

4.【国考 2007.4】有 Visual FoxPro 中，在屏幕上预览报表的命令是（   ）。
    A．PREVIEW REPORT　　　　　B．REPORT FORM … PREVIEW
    C．DO REPORT … PREVIEW　　　D．RUN REPORT … PREVIEW

5.【国考 2006.9】要在"项目管理器"下为项目建立一个新报表，应该使用的选项卡是（   ）。
    A．数据　　　　B．文档　　　　C．类　　　　　D．代码

6.【高校考试】调用报表格式文件 PP1 预览报表的命令是（   ）。
    A．REPORT FORM PP1 PREVIEW
    B．REPORT FORM PP1 PROMPT
    C．REPORT FORM PP1 PLAIN
    D．REPORT FORM PP1

7.【高校考试】关于报表的数据源，下列叙述正确的是（   ）。
    A．报表的数据源只能是表
    B．报表的数据源不能为视图
    C．设计报表时必须指定数据源
    D．报表的数据源可以是表、视图、查询等数据文件

8.【高校考试】使用报表设计器生成的报表文件的默认扩展名是（   ）。
    A．FMT　　　　　B．FPT　　　　　C．FRM　　　　D．FRX

9.【高校考试】关于报表的数据源，下列叙述正确的是（   ）。
    A．报表输出的是设计时刻数据源的数值
    B．报表输出的是输出时刻数据源的数值
    C．报表的数据源不能为视图
    D．报表的数据源只能是数据库表

10.【高校考试】关于报表设计器的总结带区，下列叙述正确的是（　　）。

A．总结带区是报表设计器的默认带区

B．总结带区内容由系统自动生成无须设置

C．总结带区用于打印在报表结束时要显示的信息

D．总结带区用于打印在每页报表结束时要显示的信息

11.【高校考试】报表设计器的默认带区为（　　）。

A．标题、细节和总结　　　　　　　B．标题、细节和页注脚

C．页表头、细节和页注脚　　　　　D．组表头、细节和页注脚

12.【高校考试】使用报表设计器设计报表时，若要在报表中添加一个表达式，应使用的报表控件为（　　）。

A．域控件　　　B．标签控件　　　C．图片控件　　　D．ActiveX 绑定控件

13.【高校考试】在创建快速报表时，基本带区包括（　　）。

A．标题、细节和总结　　　　　　　B．页标头、细节和页注脚

C．组标头、细节和组注脚　　　　　D．标题、细节和页注脚

14.【高校考试】Visual FoxPro 的报表文件.FRX 中保存的是（　　）。

A．报表的格式定义　　　　　　　　B．报表的数据源定义

C．报表的格式定义和数据源定义　　D．报表的格式和具体输出数据

15.【国考 2009.9】报表的数据源不包括（　　）。

A．视图　　　B．自由表　　　C．数据库表　　　D．文本文件

二、填空题

1.【国考 2007.4】为修改已建立的报表文件打开报表设计器的命令是＿＿＿＿REPORT。

2.【国考 2006.9】为了在报表中插入一个文字说明，应该插入一个＿＿＿＿控件。

第11单元 应用程序开发

一、选择题

1.【国考 2010.3】在 Visual FoxPro 中，编译后的程序文件的扩展名为（　　）。
    A．PRG   B．EXE   C．DBC   D．FXP

2.【国考 2006.4】在 Visual FoxPro 中可以用 DO 命令执行的文件不包括（　　）。
    A．PRG 文件   B．MPR 文件   C．FRX 文件   D．QPR 文件

3.【高校考试】关于连编项目，下列叙述正确的是（　　）。
    A．连编生成的可执行文件只能是.APP 文件
    B．连编生成的可执行文件只能是.EXE 文件
    C．连编生成的可执行文件.APP 文件只能在 Visual FoxPro 环境下运行
    D．连编生成的可执行文件.APP 文件可以脱离 Visual FoxPro 环境而在 Windows 环境中单独运行

4.【高校考试】在连编项目时，可将项目中的文件设置为"包含"或"排除"状态，关于"包含"或"排除"，下列叙述正确的是（　　）。
    A．具有"包含"状态的文件，在运行连编后生成的应用程序中是只读的
    B．具有"包含"状态的文件，在运行连编后生成的应用程序中是可读写的
    C．具有"排除"状态的文件，在运行连编后生成的应用程序中是只读的
    D．无论具有何种状态的文件，在运行连编后生成的应用程序中均可读写

5.【高校考试】有关连编应用程序，下面叙述中正确的是（　　）。
    A．一个项目可以有多个主文件   B．一个项目有且只有一个主文件
    C．一个项目可以没有主文件   D．项目的主文件可设置为排除状态

二、填空题

1.【国考 2008.9】将一个项目编译成一个应用程序时，如果应用程序中包含需要用户修改的文件，必须将该文件标为_____。

2.【国考 2007.4】连编应用程序时，如果选择连编生成可执行程序，则生成的文件的扩展名是_____。

第 *12* 单元　全国计算机等级考试

二级公共基础知识解析

一、选择题

1.【国考 2010.3】下列叙述中正确的是（　　）。
　　A．对长度为 n 的有序链表进行对分查找，最坏情况下需要的比较次数为 n
　　B．对长度为 n 的有序链表进行对分查找，最坏情况下需要的比较次数为 n /2
　　C．对长度为 n 的有序链表进行对分查找，最坏情况下需要的比较次数为 $\log_2^n$
　　D．对长度为 n 的有序链表进行对分查找，最坏情况下需要的比较次数为 $n\log_2^n$

2.【国考 2009.9】下列数据结构中，属于非线性结构的是（　　）。
　　A．循环队列　　　　B．带链队列　　　　C．二叉树　　　　D．带链栈

3.【国考 2009.9】下列数据结构中，能够按照"先进后出"原则存取数据的是（　　）。
　　A．循环队列　　　　B．栈　　　　C．队列　　　　D．二叉树

4.【国考 2009.4】下列叙述中正确的是（　　）。
　　A．栈是"先进先出"的线性表
　　B．队列是"先进后出"的线性表
　　C．循环队列是非线性结构
　　D．有序线性表既可以采用顺序存储结构，也可以采用链式存储结构

5.【国考 2009.4】支持子程序调用的数据结构是（　　）。
　　A．栈　　　　B．树　　　　C．队列　　　　D．二叉树

6.【国考 2009.4】某二叉树有 5 个度为 2 的结点，则该二叉树中的叶子结点数是（　　）。
　　A．10　　　　B．8　　　　C．6　　　　D．4

7.【国考 2009.4】下列排序方法中，最坏情况下比较次数最少的是（　　）。
　　A．冒泡排序　　　　　　　　B．简单选择排序
　　C．直接插入排序　　　　　　D．堆排序

8.【国考 2008.9】一个栈的初始状态为空。现将元素 1、2、3、4、5、A、B、C、D、E 依次入栈，然后再依次出栈，则元素出栈的顺序是（　　）。
　　A．12345ABCDE　　　　　　B．EDCBA54321
　　C．ABCDE12345　　　　　　D．54321EDCBA

9.【国考 2008.9】下列叙述中正确的是（　　）。
　　A．循环队列有队头和队尾两个指针，因此，循环队列是非线性结构

B. 在循环队列中，只需要队头指针就能反映队列中元素的动态变化情况

C. 在循环队列中，只需要队尾指针就能反映队列中元素的动态变化情况

D. 循环队列中元素的个数是由队头和队尾指针共同决定

10.【国考2008.9】在长度为 n 的有序线性表中进行二分查找，最坏情况下需要比较的次数是（　　）。

　　A. $O(n)$　　　　B. $O(n^2)$　　　　C. $O(\log_2^n)$　　　　D. $O(n\log_2^n)$

11.【国考2008.9】下列叙述中正确的是（　　）。

　　A. 顺序存储结构的存储一定是连续的，链式存储结构的存储空间不一定是连续的

　　B. 顺序存储结构只针对线性结构，链式存储结构只针对非线性结构

　　C. 顺序存储结构能存储有序表，链式存储结构不能存储有序表

　　D. 链式存储结构比顺序存储结构节省存储空间

12.【国考2009.9】对于循环队列，下列叙述中正确的是（　　）。

　　A. 队头指针是固定不变的

　　B. 队头指针一定大于队尾指针

　　C. 队头指针一定小于队尾指针

　　D. 队头指针可以大于队尾指针，也可以小于队尾指针

13.【国考2008.4】对长度为 n 的线性表排序，在最坏情况下，比较次数不是 n(n-1)/2 的排序方法是（　　）。

　　A. 快速排序　　　　　　　　B. 冒泡排序

　　C. 直线插入排序　　　　　　D. 堆排序

14.【国考2008.4】下面关于栈的叙述中正确的是（　　）。

　　A. 栈按"先进先出"组织数据　　B. 栈按"先进后出"组织数据

　　C. 只能在栈底插入数据　　　　D. 不能删除数据

15.【国考2007.9】冒泡排序在最坏情况下的比较次数是（　　）。

　　A. $n(n+1)/2$　　　　　　　　B. $n\log_2^n$

　　C. $n(n-1)/2$　　　　　　　　D. $n/2$

16.【国考2007.9】一棵二叉树中共有 70 个叶子结点与 80 个度为 1 的结点，则该二叉树中的总结点数为（　　）。

　　A. 219　　　　　B. 221　　　　　C. 229　　　　　D. 231

17.【国考2007.4】下面对队列的叙述中正确的是（　　）。

　　A. 队列属于非线性表　　　　　　B. 队列按"先进后出"原则组织数据

　　C. 队列在队尾删除数据　　　　　D. 队列按"先进先出"原则组织数据

18.【国考2007.4】对下面二叉树进行前序遍历的结果为（　　）。

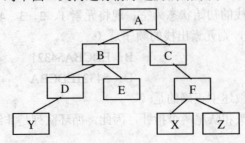

A．DYBEAFCZX　　　　　　　　B．YDEBFZXCA

    C．ABDYECFXZ　　　　　　　　D．ABCDEFXYZ

19.【国考 2007.4】某二叉树中有 n 个度为 2 的结点，则该二叉树中的叶子结点为（　　）。

    A．n+1　　　　　B．n-1　　　　　C．2n　　　　　D．n/2

20.【国考 2006.9】在长度为 64 的有序线性表中进行顺序查找，最坏情况下需要比较的次数为（　　）。

    A．63　　　　　B．64　　　　　C．6　　　　　D．7

21.【国考 2006.9】对下列二叉树进行中序遍历的结果是（　　）。

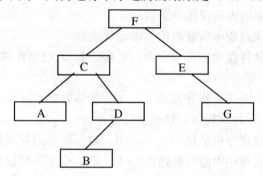

    A．ACBDFEG　　　B．ACBDFGE　　　C．ABDCGEF　　　D．FCADBEG

22.【国考 2006.4】按照"后进先出"原则组织数据的数据结构是（　　）。

    A．队列　　　　　B．栈　　　　　C．双向链表　　　D．二叉树

23.【国考 2006.4】下列叙述中正确的是（　　）。

    A．线性链表是线性表的链式存储结构

    B．栈与队列是非线性结构

    C．双向链表是非线性结构

    D．只有根结点的二叉树是线性结构

24.【国考 2006.4】对如下二叉树进行后序遍历的结果为（　　）。

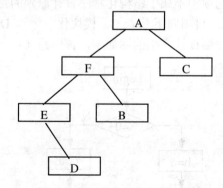

    A．ABCDEF　　　B．DBEAFC　　　C．ABDECF　　　D．DEBFCA

25.【国考 2006.4】在深度为 7 的满二叉树中，叶子结点的个数为（　　）。

    A．32　　　　　B．31　　　　　C．64　　　　　D．63

26.【国考2009.9】算法的空间复杂度是指（　　　　）。

　　A．算法在执行过程中所需要的计算机存储空间

　　B．算法所处理的数据量

　　C．算法程序中的语句或指令条数

　　D．算法在执行过程中所需要的临时工作单元数

27.【国考2010.3】算法的时间复杂度是指（　　　　）。

　　A．算法的执行时间

　　B．算法所处理数据和数据量

　　C．算法程序中的语句或指令条数

　　D．算法在实现过程中所需要的基本运算次数

28.【国考2010.3】软件按功能可以分为：应用软件、系统软件和支撑软件（或工具软件）。下面属于系统软件的是（　　　　）。

　　A．编辑软件　　　B．操作系统　　　C．教务管理系统　　　D．浏览器

29.【国考2010.3】软件（程序）调试的任务是（　　　　）。

　　A．发现和改进程序中的错误　　　B．尽可能多的发现程序中的错误

　　C．发现并改正程序中的所有错误　　　D．确定程序中错误的性质

30.【国考2010.3】数据流程图（DFD图）是（　　　　）。

　　A．软件概要设计的工具　　　B．软件详细设计的工具

　　C．结构化方法的需求分析工具　　　D．面向对象方法的需求分析工具

31.【国考2010.3】软件生命周期可分为定义阶段，开发阶段和维护阶段，详细设计属于（　　　　）。

　　A．定义阶段　　　B．开发阶段　　　C．维护阶段　　　D．上述三个阶段

32.【国考2009.9】软件设计中划分模块的一个准则是（　　　　）。

　　A．低内聚低耦合　　　　　　　　B．高内聚低耦合

　　C．低内聚高耦合　　　　　　　　D．高内聚高耦合

33.【国考2009.9】下列选项中不属于结构化程序设计原则的是（　　　　）。

　　A．可封装　　　B．自顶向下　　　C．模块化　　　D．逐步求精

34.【国考2009.9】软件详细设计产生的图如下，该图是（　　　　）。

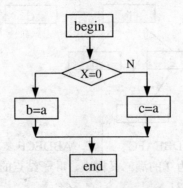

　　A．N-S图　　　　B．PAD图　　　C．程序流程图　　　D．E-R图

35.【国考2009.4】软件按功能可以分为：应用软件、系统软件和支撑软件〔或工具软件〕。

下面属于应用软件的是（　　　）。

  A．编译程序　　　B．操作系统　　　C．教务管理系统　　　D．汇编程序

36.【国考 2009.4】下面叙述中错误的是（　　　）。

  A．软件测试的目的是发现错误并改正错误

  B．对被调试的程序进行"错误定位"是程序调试的必要步骤

  C．程序调试通常也称为 Debug

  D．软件测试应严格执行测试计划，排除测试的随意性

37.【国考 2009.4】耦合性和内聚性是度量模块独立性的两个标准。下列叙述中正确的是（　　　）。

  A．提高耦合性降低内聚性有利于提高模块的独立性

  B．降低耦合性提高内聚性有利丁提高模块的独立性

  C．耦合性是指一个模块内部各个元素间彼此结合的紧密程度

  D．内聚性是指模块间互相连接的紧密程度

38.【国考 2008.9】数据流图中带有箭头的线段表示的是（　　　）。

  A．控制流　　　B．事件驱动　　　C．模块调用　　　D．数据流

39.【国考 2008.9】在软件开发中，需求分析阶段可以使用的工具是（　　　）。

  A．N-S 图　　　B．DFD 图　　　C．PAD 图　　　D．程序流程图

40.【国考 2008.4】程序流程图中带有箭头的线段表示的是（　　　）。

  A．图元关系　　　B．数据流　　　C．控制流　　　D．调用关系

41.【国考 2008.4】结构化程序设计的基本原则不包括（　　　）。

  A．多态性　　　B．自顶向下　　　C．模块化　　　D．逐步求精

42.【国考 2008.4】软件设计中模块划分应遵循的准则是（　　　）。

  A．低内聚低耦合　　　　　　　　B．高内聚低耦合

  C．低内聚高耦合　　　　　　　　D．高内聚高耦合

43.【国考 2008.4】在软件开发中，需求分析阶段产生的主要文档是（　　　）。

  A．可行性分析报告　　　　　　　B．软件需求规格说明书

  C．概要设计说明书　　　　　　　D．集成测试计划

44.【国考 2008.4】算法的有穷性是指（　　　）。

  A．算法程序的运行时间是有限的　　B．算法程序所处理的数据量是有限的

  C．算法程序的长度是有限的　　　　D．算法只能被有限的用户使用

45.【国考 2007.9】软件是指（　　　）。

  A．程序　　　　　　　　　　　　B．程序和文档

  C．算法加数据结构　　　　　　　D．程序、数据与相关文档的完整集合

46.【国考 2007.9】软件调试的目的是（　　　）。

  A．发现错误　　　　　　　　　　B．改正错误

  C．改善软件的性能　　　　　　　D．验证软件的正确性

47.【国考 2007.9】在面向对象方法中，实现信息隐蔽是依靠（　　　）。

  A．对象的继承　　　　　　　　　B．对象的多态

  C．对象的封装　　　　　　　　　D．对象的分类

48.【国考2007.9】下列叙述中，不符合良好程序设计风格要求的是（　　）。
　　A．程序的效率第一，清晰第二　　　　B．程序的可读性好
　　C．程序中要有必要的注释　　　　　　D．输入数据前要有提示信息

49.【国考2007.9】下列叙述中正确的是（　　）。
　　A．程序执行的效率与数据的存储结构密切相关
　　B．程序执行的效率只取决于程序的控制结构
　　C．程序执行的效率只取决于所处理的数据量
　　D．以上三种说法都不对

50.【国考2007.9】下列叙述中正确的是（　　）。
　　A．数据的逻辑结构与存储结构必定是一一对应的
　　B．由于计算机存储空间是向量式的存储结构，因此，数据的存储结构一定是线性结构
　　C．程序设计语言中的数组一般是顺序存储结构，因此，利用数组只能处理线性结构
　　D．以上三种说法都不对

51.【国考2007.4】下列叙述中正确的是（　　）。
　　A．算法的效率只与问题的规模有关，而与数据的存储结构无关
　　B．算法的时间复杂度是指执行算法所需要的计算工作量
　　C．数据的逻辑结构与存储结构是一一对应的
　　D．算法的时间复杂度与空间复杂度一定相关

52.【国考2007.4】在结构化程序设计中，模块划分的原则是（　　）。
　　A．各模块应包括尽量多的功能
　　B．各模块的规模应尽量大
　　C．各模块之间的联系应尽量紧密
　　D．模块内具有高内聚度、模块间具有低耦合度

53.【国考2007.4】下列叙述中正确的是（　　）。
　　A．软件测试的主要目的是发现程序中的错误
　　B．软件测试的主要目的是确定程序中错误的位置
　　C．为了提高软件测试的效率，最好由程序编制者自己来完成软件测试的工作
　　D．软件测试是证明软件没有错误

54.【国考2007.4】下面选项中不属于面向对象程序设计特征的是（　　）。
　　A．继承性　　　　B．多态性　　　　C．类比性　　　　D．封闭性

55.【国考2006.9】下列选项不符合良好程序设计风格的是（　　）。
　　A．源程序要文档化　　　　　　　　　B．数据说明的次序要规范化
　　C．避免滥用goto语句　　　　　　　　D．模块设计要保证高耦合、高内聚

56.【国考2006.9】从工程管理角度，软件设计一般分为两步完成，它们是（　　）。
　　A．概要设计与详细设计　　　　　　　B．数据设计与接口设计
　　C．软件结构设计与数据设计　　　　　D．过程设计与数据设计

57.【国考2006.9】下列选项中不属于软件生命周期开发阶段任务的是（　　）。
　　A．软件测试　　　　　　　　　　　　B．概要设计
　　C．软件维护　　　　　　　　　　　　D．详细设计

58.【国考 2006.9】下列叙述中正确的是（　　）。

　　A．一个算法的空间复杂度大，则其时间复杂度也必定大

　　B．一个算法的空间复杂度大，则其时间复杂度必定小

　　C．一个算法的时间复杂度大，则其空间可复杂度必定小

　　D．上述三种说法都不对

59.【国考 2006.4】下列选项中不属于结构化程序设计方法的是（　　）。

　　A．自顶向下　　　　B．逐步求精　　　　C．模块化　　　　D．可复用

60.【国考 2006.4】两个或两个以上模块之间关联的紧密程度称为（　　）。

　　A．耦合度　　　　　B．内聚度　　　　　C．复杂度　　　　D．数据传输特性

二、填空题

1.【国考 2010.3】一个队列的初使状态为空，现将元素 A,B,C,D,E,F,5,4,3,2,1 依次入队，然后再依次退队，则元素退队的顺序为＿＿＿＿＿＿。

2.【国考 2010.3】设某循环队列的容量为 50，如果头指针 front=45（指向队头元素的前一位置），尾指针 rear=10（指向队尾元素），则该循环队列中共有＿＿＿＿＿＿个元素。

3.【国考 2009.4】假设用一个长度为 50 的数组（数组元素的下标从 0 到 49）作为栈的存储空间，栈底指针 bottom 指向栈底元素，栈顶指针 top 指向栈顶元素。如果 bottom=49，top=30（数组下标），则栈中具有＿＿＿＿＿＿个元素。

4.【国考 2008.4】设某循环队列的容量为 50，头指针 front=5（指向队头元素的前一位置），尾指针 rear=29（指向对尾元素），则该循环队列中共有＿＿＿＿＿＿个元素。

5.【国考 2006.9】按"先进后出"原则组织数据的数据结构是＿＿＿＿＿＿。

6.【国考 2010.3】设二叉树如下：

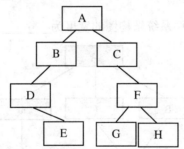

对该二叉树进行后序遍历的结果为＿＿＿＿＿＿。

7.【国考 2009.9】某二叉树有 5 个度为 2 的结点以及 3 个度为 1 的结点，则该二叉树中共有＿＿＿＿＿＿个结点。

8.【国考 2008.4】深度为 5 的满二叉树有＿＿＿＿＿＿个叶子结点。

9.【国考 2007.4】在深度为 7 的满二叉树中，度为 2 的结点个数为＿＿＿＿＿＿。

10.【国考 2006.9】数据结构分为线性结构和非线性结构，带链的队列属于＿＿＿＿＿＿。

11.【国考 2006.4】对长度为 10 的线性表进行冒泡排序，最坏情况下需要比较的次数为＿＿＿＿＿＿。

12.【国考2007.9】线性表的存储结构主要分为顺序存储结构和链式存储结构。队列是一种特殊的线性表，循环队列是队列的＿＿＿＿存储结构。

13.【国考2009.4】软件测试可分为白盒测试和黑盒测试。基本路径测试属于＿＿＿＿测试。

14.【国考2010.3】软件是＿＿＿＿、数据和文档的集合。

15.【国考2009.9】程序流程图的菱形框表示的是＿＿＿＿。

16.【国考2009.9】软件开发过程主要分为需求分析、设计、编码与测试四个阶段，其中，＿＿＿＿阶段产生"软件需求规格说明书"。

17.【国考2008.9】按照软件测试的一般步骤，集成测试应在＿＿＿＿测试之后进行。

18.【国考2008.9】软件工程三要素包括方法、工具和过程，其中，＿＿＿＿支持软件开发的各个环节的控制和管理。

19.【国考2008.9】数据库设计包括概念设计、＿＿＿＿和物理设计。

20.【国考2008.4】测试用例包括输入值集和＿＿＿＿值集。

21.【国考2007.9】软件需求规格说明书应具有完整性、无岐义性、正确性、可验证性、可修改性等特征，其中最重要的是＿＿＿＿。

22.【国考2007.9】在两种基本测试方法中，＿＿＿＿测试的原则之一是保证所测模块中每一个独立路径至少执行一次。

23.【国考2007.4】软件生命周期可分为多个阶段，一般分为定义阶段、开发阶段和维护阶段。编码和测试属于＿＿＿＿阶段。

24.【国考2007.4】在结构化分析使用的数据流图（DFD）中，利用＿＿＿＿对其中的图形元素进行确切解释。

25.【国考2007.4】软件测试分为白箱（盒）测试和黑箱（盒）测试，等价类划分法属于＿＿＿＿测试。

26.【国考2006.9】下列软件系统结构图的宽度为＿＿＿＿。

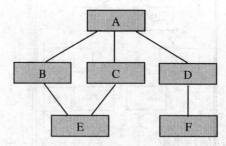

27.【国考2006.9】＿＿＿＿的任务是诊断和改正程序中的错误。

28.【国考2006.4】在面向对象方法中，＿＿＿＿描述的是具有相似属性与操作的一组对象。

29.【国考2006.4】程序测试分为静态分析和动态测试。其中＿＿＿＿是指不执行程序，而只是对程序文本进行检查，通过阅读和讨论，分析和发现程序中的错误。

30.【国考2006.4】数据独立性分为逻辑独立性与物理独立性。当数据的存储结构改变时，其逻辑结构可以不变，因此，基于逻辑结构的应用程序不必修改，称＿＿＿＿。

第二部分　技能训练

第 **1** 套操作题

一、基本操作

【要求】

（1）建立数据库 order_manage，并将自由表 employee 和 orders 添加到新建的数据库中。

（2）建立必要的索引（要求：索引名必须和索引表达式一致），并建立表 employee 和 orders 之间的永久联系。

（3）建立项目"员工订单管理"，并把新建的数据库 order_manage 添加到新建的项目中。

【操作提示】

1．设置默认目录

（1）启动 VFP，选择"工具"菜单中的"选项"命令，打开"选项"对话框。

（2）打开"文件位置"选项卡，在"文件类型"列表中单击选中"默认位置"，然后单击"修改"按钮，打开"更改文件位置"对话框。

（3）单击三点按钮，打开"选择目录"对话框，选择本例原始素材所在目录，单击"选定"按钮，单击"确定"按钮，返回"选项"对话框，如图 1-1 所示。

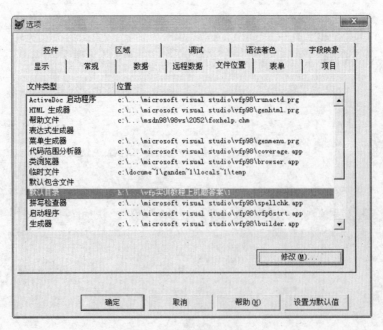

图 1-1 设置默认目录

（4）单击"设为默认值"按钮，单击"确定"按钮，将原始素材所在目录设置为默认目录。

读者在做技能训练的其他各套操作题时，也应首先参照此步骤设置默认目录，以后不再进行说明。

2．建立数据库

（1）在"常用"工具栏中单击"新建"按钮□，打开"新建"对话框，设置"文件类型"为"数据库"，单击"新建文件"按钮，打开"创建"对话框。

（2）输入数据库文件名 order_manage.dbc，单击"保存"按钮，打开数据库设计器。

此时数据库已建立，数据库设计器被打开，数据库处于打开状态，并在数据库设计器的标题栏中显示了打开的数据库的名称。

3．把自由表添加到数据库中

（1）右击数据库设计器空白区，从弹出的快捷菜单中选择"添加表"。

（2）在"打开"对话单击要添加的表名：employee，然后单击"确定"按钮。

（3）再次右击数据库设计器空白区，选择"添加表"快捷菜单，然后在"打开"对话框中双击要添加的表名：orders。

可以右击数据表，选择"浏览"命令查看、编辑表中的数据。

4．建立索引

【分析】

要建立两个表之间的永久联系，在建立索引时要考虑两个表的共同字段。在本例中，两表都有一个共同的字段"员工号"，所以两个表可以按"员工号"分别建立索引。其中，employee 表为父表，要按"员工号"建立主索引；orders 表为子表，要按"员工号"建立普通索引。

➢ 在数据库设计器中右击 employee 表 → 选择"修改"快捷菜单项 → 在"字段"选项卡中选择"员工号"字段，设置"索引"为"升序" → 在"索引"选项卡中设置索引类型为"主索引" → 单击"确定"按钮。

➢ 在数据库设计器中右击 orders 表 → 选择"修改"快捷菜单项 → 在"字段"选项卡中选择"员工号"字段，设置"索引"为"升序" → 单击"确定"按钮。

在"字段"选项卡中将某个字段的"索引"设置为"升序"或"降序"后，该字段名将被作为索引名，该字段将被作为索引表达式，索引类型为普通索引。

5. 建立永久联系

拖动 employee 表（父表）中的主索引"员工号"到 orders 表（子表）中的"员工号"索引上，释放鼠标，即可建立一对多永久联系。

> 父表与子表的索引表达式要一致。

6. 建立项目并添加数据库

（1）在"常用"工具栏中单击"新建"按钮⬜，打开"新建"对话框。

（2）设置"文件类型"为"项目"，单击"新建文件"按钮，打开"创建"对话框，输入项目文件名：员工订单管理.pjx（扩展名可省略）。单击"保存"按钮，打开项目管理器。

（3）在"数据"选项卡中选择"数据库"，单击"添加"按钮，选择数据库 order_manage。

二、简单应用

【要求】

（1）使用报表向导建立一对多报表 report_c，选择父表 employee 中的"仓库号"、"员工号"和"姓名"字段，以及子表 orders 中除"员工号"以外的全部字段，报表按"仓库号"升序排序，报表样式选择简报式，报表标题是"员工订单汇总"。

（2）建立视图 view_cb，视图中显示所有订单总金额（签订订单金额合计）大于 15000 元的员工号、姓名及其所签订单的总金额，结果按总金额升序排序。最后，把生成的 SQL 语句保存到文本文件 cmd_cb.txt 中。

【操作提示】

1. 创建报表格式文件

（1）在项目管理器中打开"文档"选项卡，单击选择"报表"项目，单击"新建"按钮，单击"报表向导"按钮，选择"一对多表报向导"。

（2）从父表 employee 中选择字段：仓库号、员工号、姓名；单击"下一步"按钮，从子表 orders 中选择字段：供应商号、订购单号、订购日前、金额。

（3）单击"下一步"按钮，为表建立关系：employee.员工号=orders.员工号。

（4）单击"下一步"按钮，设置排序字段为"仓库号"，排序顺序为"升序"。

（5）单击"下一步"按钮，设置"报表样式"为"简报式"。

（6）单击"下一步"按钮，设置报表标题为"员工订单汇总表"，选中"保存报表以备将来使用"单选钮。

（7）单击"预览"按钮，预览生成的报表，如图 1-2 所示。单击"打印预览"工具栏中的"关闭预览"按钮🖨，关闭报表预览窗口。

（8）单击"完成"按钮，保存报表为：report_c.frx。

2. 创建视图

（1）在项目管理器中打开"数据"选项卡，依次展开"数据库"和"order_manage"项目。

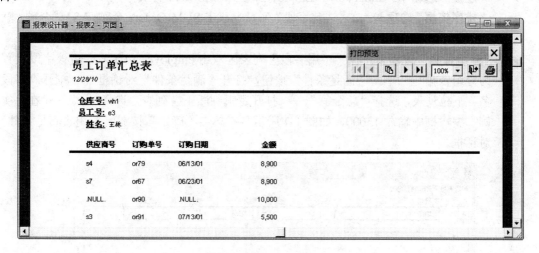

图1-2 员工订单汇总表

（2）单击选择"本地视图"项目，单击"新建"按钮，单击"新建视图"按钮，打开"添加表或视图"对话框。

（3）分别单击选中 employee 和 orders 表并单击"添加"按钮，最后单击"关闭"按钮，关闭"添加表或视图"对话框，此时视图设计器被自动打开。

接下来利用视图设计器的各选项卡进行如下设置：

➢ **"字段"选项卡：** 在可用字段中双击 employee.员工号和 employee.姓名 → 单击对话框下方的"表达式生成器"按钮□ → 打开"数学"下拉列表，选择 SUM()函数 → 打开"来源于表"下拉列表，选择 Orders 表 → 在"字段"列表区双击"金额" → 在"表达式"编辑区"SUM(Orders.金额)"表达式后面输入"AS 总金额" → 单击"确定"按钮 → 单击"添加"按钮，将表达式添加到"选定字段"列表中，结果如图 1-3 所示。

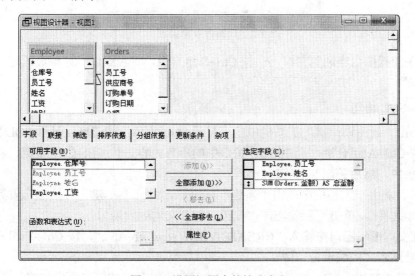

图1-3 设置视图中的输出字段

➢ **"连接"选项卡**：Inner Join、Employee.员工号=Orders.员工号。

➢ **"排序依据"选项卡**：在"选定字段"列表中双击 SUM(Orders.金额) AS 总金额（默认"排序选项"为"升序"）。

➢ **"分组依据"选项卡**：在"可用字段"列表区双击 employee.员工号，将该字段设置为分组依据 → 单击"满足条件"按钮，打开"满足条件"对话框 → 打开"字段名"下拉列表，选择"总金额" → 打开逻辑判断下拉列表，选择">" → 在"实例"编辑框中输入 15000，如图 1-4 所示 → 单击"确定"按钮，关闭"满足条件"对话框。

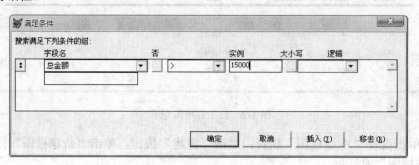

图 1-4 设置分组时的满足条件

接下来继续执行如下操作：单击"常用"工具栏中的"运行"按钮 ，打开视图内容浏览窗口，如图 1-5 所示。

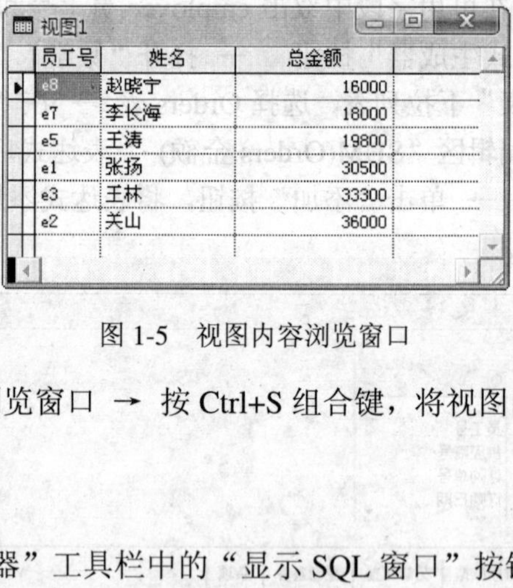

图 1-5 视图内容浏览窗口

最后，关闭视图内容浏览窗口 → 按 Ctrl+S 组合键，将视图以"订单金额超 15000 的员工"为名保存。

3. 保存 SQL 语句

（1）单击"视图设计器"工具栏中的"显示 SQL 窗口"按钮，显示 SQL 窗口。

（2）按 Ctrl+A 组合键，选中 SQL 窗口中的所有内容。按 Ctrl+C 组合键，将所选内容复制到剪贴板中，然后关闭 SQL 窗口。

（3）在"常用"工具栏中单击"新建"按钮，打开"新建"对话框。设置"文件类型"为"文本文件"，单击"新建文件"按钮，打开文本编辑窗口。

（4）在文本编辑窗口中输入"CREATE VIEW view_cb AS ;"，按 Ctrl+V 组合键，将剪贴板中内容粘贴到文本编辑窗口中。

（5）按 Ctrl+S 组合键，将文件以 cmd_cb.txt 名称保存（扩展名不能省略）。

cmd_cb.txt 文件的内容如下：

```
CREATE VIEW view_cb AS ;
SELECT Employee.员工号, Employee.姓名, SUM(Orders.金额) AS 总金额;
 FROM   order_manage!employee INNER JOIN order_manage!orders ;
   ON   Employee.员工号 = Orders.员工号;
 GROUP BY Employee.员工号;
 HAVING 总金额>15000 ;
 ORDER BY 3
```

由于 SELECT 语句十分复杂，因此，我们很多时候都会借助创建查询和视图来让系统帮助我们生成 SELECT 语句，以便在程序中使用它们。此外，我们还可以对生成的 SELECT 语句进行修改，如本例所示。

三、综合应用

【要求】

建立一个表单、表单文件名和表单控件名均为 myform_c，表单标题为"员工订单信息"，表单界面如图 1-6 左图所示。表单中共有三个文本为"员工号"（Label1）、"姓名"（Label2）和"性别"（Label3）的标签，还有三个对应的文本框 Text1、Text2 和 Text3，以及一个表格控件 Grid1 和两个命令按钮（Command1 和 Command2）。该表单的功能如下：

（1）程序运行时，在文本框 Text1 中输入一个员工号，并单击"查询"按钮（Command1），将在 Text2 文本框中显示员工的姓名，在 Text3 文本框中显示员工的性别，在表格控件中显示该员工的订单信息，如图 1-6 右图所示。

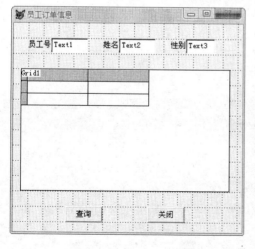 

图 1-6　员工订单信息表单

（2）单击"关闭"按钮（Command2）可关闭表单。

【操作提示】

（1）选择"显示"菜单中的"数据环境"命令，将 employee 和 orders 表添加到数据环境中。

（2）表单属性：Name：myform_c，Caption：员工订单信息。

（3）Label1 属性：Caption：员工号，AutoSize：.T.。

（4）Label2 属性：Caption：姓名，AutoSize：.T.。

（5）Label3 属性：Caption：性别，AutoSize：.T.。

（6）Text2 属性：ControlSource：employee.姓名。

（7）Text3 属性：ControlSource：employee.性别。

（8）表格控件属性：Name：Grid1；RecordSoureType：4-SQL 说明；RecordSource：（无）。

（9）Command1 属性：Caption：查询。

（10）Command1.Click 代码：

```
eno=ThisForm.Text1.Value
LOCATE FOR employee.员工号=ALLTR(eno)
ThisForm.grid1.RecordSource=;
    "SELECT Orders.供应商号,Orders.订购单号,Orders.订购日期, Orders.金额;
    FROM order_manage!employee INNER JOIN order_manage!orders ;
    ON Employee.员工号  = Orders.员工号;
    WHERE employee.员工号==ALLTR(eno) INTO CURSOR ttable"
ThisForm.Refresh
```

（11）Command2 属性：Caption：关闭。

（12）Command2.Click 代码：

```
ThisForm.Release
CLOSE ALL
```

第 **2** 套操作题

一、基本操作

【要求】

（1）创建数据库 SJ1.DBC。

（2）将自由表"学生"（学号，姓名，性别，出生日期）、"成绩"（学号，课程号，成绩）添加到数据库 SJ1 中，并将"学生"表按学号建立主索引（索引名和索引表达式都为"学号"）。

【操作提示】

1．建立数据库

设置默认目录，单击"常用"工具栏中的"新建"按钮□，创建数据库文件 SJ1.DBC，并打开数据库设计器窗口。

2．把自由表添加到数据库中

在数据库设计器空白区右击，从弹出的快捷菜单中选择"添加表"，分别将"学生"和"成绩"表添加到数据库中。

3．建立索引

（1）在数据库设计器中右击"学生"表，从弹出的快捷菜单中选择"修改"，打开表设计器。

（2）在"字段"选项卡中选择"学号"字段，在"索引"列选择"升序"。

（3）打开"索引"选项卡，设置索引类型为"主索引"，单击"确定"按钮。

二、简单应用

【要求】

查询选修了五门以上（含五门）课程的学生姓名、选课门数和平均分，结果按平均分由高到低排序，并输出到表 B1.dbf 中（该表包含三个字段：姓名、选课门数和平均分）。此外，还要将查询命令保存到 t1.txt 文件中。

【操作提示】

1．创建查询文件

（1）单击"常用"工具栏中的"新建"按钮□，新建一个查询文件，在打开的"添加表或视图"对话框中将"学生"表和"成绩"表添加到查询设计器中。

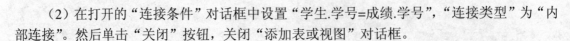

（2）在打开的"连接条件"对话框中设置"学生.学号=成绩.学号"，"连接类型"为"内部连接"。然后单击"关闭"按钮，关闭"添加表或视图"对话框。

2．设置查询条件

（1）在"可用字段"列表中双击"学生.姓名"，将该字段添加到"选定字段"列表中。

（2）单击"函数和表达式"编辑框右侧的三点按钮，打开"表达式生成器"对话框。打开"数学"下拉列表，选择"COUNT()"函数；打开"来源于表"下拉列表，选择"成绩"表；在"字段"列表区双击"课程号"字段；在表达式编辑区输入"AS 选课门数"。此时将得到"COUNT(成绩.课程号) AS 选课门数"表达式。

（3）单击"确定"按钮，关闭"表达式生成器"对话框。单击"添加"按钮，将表达式添加到"选定字段"列表中。

（4）在"函数和表达式"编辑框中输入"AVG(成绩.成绩) AS 平均分"，然后单击"添加"按钮，将所编写的表达式添加到"选定字段"列表中，此时画面如图2-1所示。

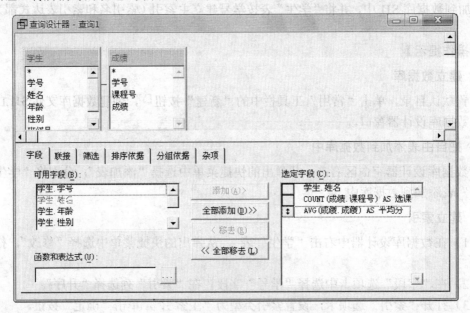

图2-1　设置查询输出字段和表达式

（5）打开"排序依据"选项卡，双击"AVG(成绩.成绩) AS 平均分"，将"平均分"作为排序字段。

（6）打开"分组依据"选项卡，在"可用字段"列表中双击"学生.学号"，将该字段作为分组字段。

（7）单击"满足条件"按钮，打开"满足条件"对话框，参照图2-2所示设置分组满足条件。

（8）单击"确定"按钮，关闭"满足条件"对话框。单击"常用"工具栏中的"运行"按钮，运行查询，结果如图2-3所示。

（9）关闭查询内容浏览窗口，按 Ctrl+S 组合键，将查询以"选课和平均分查询.qpr"为名保存。

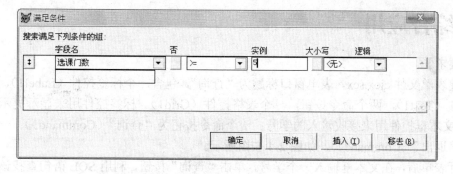

图 2-2　设置"满足条件"

图 2-3　查询结果浏览窗口

3．保存 SQL 语句

（1）单击"查询设计器"工具栏中的"显示 SQL 窗口"按钮，显示 SQL 窗口，按 Ctrl+A 组合键，全选 SQL 窗口中的所有内容；按 Ctrl+C 组合键，将所选内容复制到剪贴板中，然后关闭 SQL 窗口。

（2）单击"常用"工具栏中的"新建"按钮，打开"新建"对话框，设置"文件类型"为"文本文件"，单击"新建文件"按钮，打开文本编辑窗口。

（3）按 Ctrl+V 组合键，将剪贴板中内容粘贴到文本编辑窗口中；按 Ctrl+S 组合键，将文件以 t1.txt 名称保存（扩展名不能省略）。

t1.txt 文件的内容如下：

```
SELECT  学生.姓名, COUNT(成绩.课程号) AS 选课门数,;
   AVG(成绩.成绩) AS 平均分;
FROM    sj1!学生  INNER JOIN sj1!成绩 ;
   ON   学生.学号 = 成绩.学号;
GROUP BY 学生.学号;
HAVING  选课门数  >= 5;
ORDER BY 3
```

三、综合应用

【要求】

创建表单文件 cjcx.scx，表单窗口标题为"查询"，包含一个标签控件（Label1），一个文本框控件（Text1），两个命令按钮，一个表格控件（Grid1）。标签控件用来显示提示"输入学号"；文本框控件用来接收输入的学号；一个命令按钮为"查询"（Command1）；一个命令按钮为"退出"（Command2），如图 2-4 左图所示。

运行表单后，在文本框输入一个学号，单击"查询"按钮，利用 SQL 语句查找该学号学生记录，并将该学生的课程号和成绩内容显示在表格控件中，如图 2-4 右图所示。查询结束后，单击"退出"按钮可释放表单。

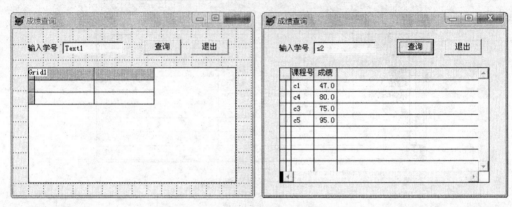

图 2-4　成绩查询表单

【操作提示】

（1）表单控件：Name：Form1；Caption：成绩查询。

（2）标签控件：Name：Label1；Caption：输入学号；AutoSize：.T.。

（3）表格控件：Name：Grid1；RecordSourceType：4 – SQL 说明；RecordSource：（无）。

（4）查询按钮：Name：Command1；Caption：查询。

（5）Command1.Click 代码如下：

```
t=ThisForm.Text1.Value
ThisForm.Grid1.RecordSource="SELECT 课程号,成绩 FROM 成绩 ;
        WHERE 学号==alltr(t) INTO CURSOR ttable"
```

（6）退出按钮：Name：Command2；Caption：退出。

（7）Command2.Click 代码：

```
ThisForm.Release
```

第 **3** 套操作题

一、基本操作

【要求】

（1）建立数据库 CLASS，将自由表 student 和 score 添加到新建的数据库中。

（2）为 student 和 score 表设置相关索引，并建立两表之间的永久性联系；为 student 表的"性别"字段设置默认值"男"；为"性别"字段定义有效性规则，规则表达式为：性别$"男女"，出错提示信息为"性别必须是男或女"。

【操作提示】

1. 建立数据库

设置默认目录，单击"常用"工具栏中的"新建"按钮，创建数据库文件 CLASS.DBC，并打开数据库设计器窗口。

2. 把自由表添加到数据库中

在数据库设计器空白区右击，从弹出的快捷菜单中选择"添加表"，分别将 student 和 score 表添加到数据库中。

3. 建立索引

（1）在数据库设计器中右击 student 表，从弹出的快捷菜单中选择"修改"，打开表设计器。

（2）在"字段"选项卡中选择"学号"字段，在"索引"列选择"升序"；打开"索引"选项卡，设置索引类型为"主索引"，单击"确定"按钮。

（3）在数据库设计器中右击 score 表，从弹出的快捷菜单中选择"修改"，打开表设计器。

（4）在"字段"选项卡中选择"学号"字段，在"索引"列选择"升序"，此时"学号"字段被自动设置为普通索引，单击"确定"按钮。

4. 建立永久联系

在数据库设计器中，拖动 student 表中的"学号"主索引到 score 表中的"学号"普通索引，即可建立一对多永久联系。

5. 建立字段有效性规则

（1）在数据库设计器中右击 Student 表，从弹出的快捷菜单中选择"修改"，打开表设计器。

（2）在"字段"选项卡中选择"性别"字段，在"字段有效性"设置区中的"规则"

编辑框中输入：性别$"男女"，在"信息"编辑框中输入："性别必须是男或女"，并在"默认值"编辑框中输入："男"。

（3）单击"确定"按钮，确认对表结构的修改。

二、简单应用

【要求】

打开数据库 CLASS，根据 CLASS 数据库中的表中查询平均分在 80 分以上的（含 80 分）的学生的学号、姓名、性别、院系号和平均成绩，查询结果按学号降序排序，并将查询结果保存在表 results.dbf 中。

【操作提示】

（1）单击"常用"工具栏中的"新建"按钮 📄，创建一个新查询。

（2）利用"添加表或视图"对话框将 student 表和 score 表添加到查询设计器中，并在打开的"连接条件"对话框中直接单击"确定"按钮，此时系统自动创建了一个"student.学号=score.学号"内部连接。

（3）关闭"添加表或视图"对话框，在查询设计器的"字段"选项卡的"可用字段"列表中依次双击 Student.学号、Student.姓名、Student.性别和 Student.院系号，将这些字段添加到"选定字段"列表中。

（4）在"函数和表达式"编辑框中输入"AVG(Score.成绩) AS 平均成绩"，然后单击"添加"按钮，将该表达式添加到"选定字段"列表中。

（5）打开"排序依据"选项卡，设置"Student.学号"字段为排序字段，"排序选项"为"升序"。

（6）打开"分组依据"选项卡，设置分组字段为"Student.学号"。

（7）单击"满足条件"按钮，打开"满足条件"对话框，设置满足条件为"平均成绩>=80"。

（8）单击"常用"工具栏中的"运行"按钮 ❗，运行查询，结果如图 3-1 所示。

学号	姓名	性别	院系号	平均成绩
s3	徐玮	女	01	84.17
s4	邓一欧	男	06	83.67
s5	张激扬	男	06	93.50

图 3-1　查询结果

（9）选择"查询"菜单中的"查询去向"命令，在打开的"查询去向"对话框中单击

"表"按钮，然后输入表名"results"，最后单击"确定"按钮。

（10）再次运行查询，此时查询结果将不再显示，而是直接保存到了 results.dbf 表中。

（11）按 Ctrl+S 组合键，将查询文件以"平均成绩查询.qpr"名称保存。

此时生成的 SQL 语句如下：

```
SELECT Student.学号, Student.姓名, Student.性别, Student.院系号,;
    AVG(Score.成绩) AS  平均成绩;
FROM   class!student INNER JOIN class!score ;
    ON   Student.学号  = Score.学号;
GROUP BY Student.学号;
HAVING  平均成绩  >= 80;
ORDER BY Student.学号;
INTO TABLE results.dbf
```

三、综合应用

【要求】

使用表单向导根据数据表"教师津贴.dbf"的内容建立表单，如图 3-2 所示。其中，表单的标题为"教师津贴"，表单文件名为 jsjt.scx。

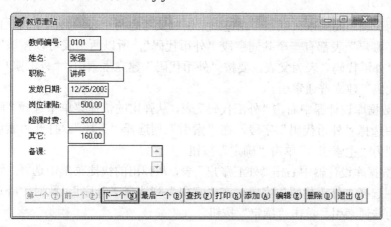

图 3-2　使用表单向导创建的表单

【操作提示】

表单中应包括"教师津贴.dbf"表的全部字段。如果需要的话，还可选择排序字段。另外，使用表单向导创建的表单功能非常强大，用户可以利用该表单浏览、编辑、增加、删除、打印、查找记录等。

第4套操作题

一、基本操作

【要求】

（1）打开数据库"外汇"，通过"外币代码"字段为"外汇代码"和"外汇账户"建立永久联系。

（2）新建一个名为"外汇管理"的项目文件，将数据库"外汇"加入"外汇管理"项目中。

【操作提示】

1. 打开数据库

设置默认目录，单击"常用"工具栏中的"打开"按钮，设置要打开的"文件类型"为"数据库"，然后在文件列表区单击选中"外汇.dbc"，最后单击"确定"按钮。

2. 建立索引

要建立两个表之间的永久联系，在建立索引时要考虑两个表的共同字段。由于"外汇代码"和"外汇账户"表都有一个共同字段"外币代码"，所以两个表可以按该字段分别建立索引。另外"外汇代码"表为父表，要按"外币代码"建立主索引；"外汇账户"表为子表，要按"外币代码"建立普通索引。

（1）在数据库设计器中右击"外汇代码"表，从弹出的快捷菜单中选择"修改"，在"字段"选项卡中选择"外币代码"字段，在"索引"列选择"升序"。打开"索引"选项卡，设置索引类型为"主索引"，单击"确定"按钮。

（2）在数据库设计器中右击"外汇账户"表，从弹出的快捷菜单中选择"修改"，在"字段"选项卡中选择"外币代码"字段，在"索引"列选择"升序"，此时"外币代码"字段被自动设置为普通索引，单击"确定"按钮。

3. 建立永久联系

在数据库设计器中，拖动"外汇代码"表中的"外币代码"主索引到"外汇账户"表中的"外币代码"普通索引，即可建立一对多永久联系。

4. 建立项目并添加数据库

（1）在"常用"工具栏中单击"新建"按钮，打开"新建"对话框。设置"文件类型"为"项目"，单击"新建文件"按钮，打开"创建"对话框。

（2）输入项目文件名：外汇管理.pjx（扩展名可省略），单击"保存"按钮，打开项目管理器。

（3）在"数据"选项卡中选择"数据库"，单击"添加"按钮，选择数据库"外汇.dbc"。

二、简单应用

【要求】

用 SQL 语句进行如下查询：查询"外汇账户"表中的日元信息，查询结果包括钞汇标志、金额，结果按金额降序排序，并存储于表 yen.dbf 中。此外，还要将 SQL 语句存储于新建的 yen.txt 文件中。

【操作提示】

1．创建、设置和运行查询

（1）单击"常用"工具栏中的"新建"按钮 🗋，创建一个新查询。

（2）利用"打开"对话框将"外汇账户"表添加到查询设计器中，然后关闭"打开"对话框。

（3）在随后打开的"添加表或视图"对话框中双击"外汇代码"表，将该表添加到查询设计器中，然后关闭该对话框。

（4）在"字段"选项卡的"可用字段"列表中分别双击"外汇账户.钞汇标志"和"外汇账户.金额"字段，将其添加到"选定字段"列表中。

（5）打开"连接"选项卡，创建如下连接：

Inner Join 外汇代码.外币代码 = 外汇账户.外币代码

（6）打开"筛选"选项卡，设置如下筛选条件：

外汇代码.外币名称 ="日元"

（7）打开"排序依据"选项卡，设置"排序条件"为"外汇账户.金额"，"排序选项"为"降序"。

（8）单击"常用"工具栏中的"运行"按钮 ❗，运行查询，结果如图 4-1 所示。

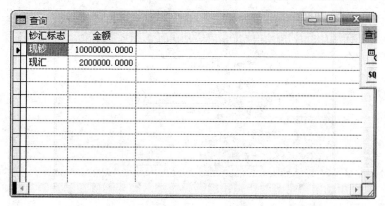

图 4-1　查询结果

（9）选择"查询"菜单中的"查询去向"命令，在打开的"查询去向"对话框中单击"表"按钮，然后输入表名"yen"，最后单击"确定"按钮。

（10）再次运行查询，此时查询结果将不再显示，而是直接保存到了 yen.dbf 表中。

（11）按 Ctrl+S 组合键，将查询文件以"日元信息查询.qpr"名称保存。

2. 保存 SQL 语句

（1）单击"查询设计器"工具栏中的"显示 SQL 窗口"按钮 **sQl**，显示 SQL 窗口，按 Ctrl+A 组合键，全选 SQL 窗口中的所有内容；按 Ctrl+C 组合键，将所选内容复制到剪贴板中，然后关闭 SQL 窗口。

（2）单击"常用"工具栏中的"新建"按钮 □，打开"新建"对话框，设置"文件类型"为"文本文件"，单击"新建文件"按钮，打开文本编辑窗口。

（3）按 Ctrl+V 组合键，将剪贴板中内容粘贴到文本编辑窗口中；按 Ctrl+S 组合键，将文件以 yen.txt 名称保存（扩展名不能省略）。

yen.txt 文件的内容如下：

```
SELECT 外汇账户.钞汇标志, 外汇账户.金额;
  FROM   外汇!外汇代码 INNER JOIN 外汇!外汇账户 ;
    ON   外汇代码.外币代码 = 外汇账户.外币代码;
  WHERE 外汇代码.外币名称 ="日元";
  ORDER BY 外汇账户.金额 DESC;
  INTO TABLE yen.dbf
```

三、综合应用

【要求】

设计一个文件名和表单名均为 rate 的表单，表单的标题为"外汇汇率查询"，表单界面如图 4-2 所示。

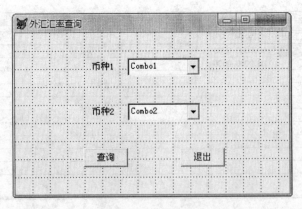

图 4-2 汇率查询表单

表单中有两个下拉列表框（Combo1 和 Combo2），这两个下拉列表框的数据源类型（RowSourceType 属性）均为字段，且数据源（RowSource 属性）分别是"外汇汇率"表的"币种 1"和"币种 2"字段；另外有币种 1（Label1）和币种 2（Label2）两个标签以及两个命令按钮"查询"(Command1)和"退出"(Command2)。

运行表单时，首先从两个下拉列表框选择币种，然后单击"查询"按钮用 SQL 语句从外汇汇率表中查询相应币种（匹配币种 1 和币种 2）的信息，并将结果保存到表 temp_rate 中。

查询结束后，单击"退出"按钮可关闭表单。

【操作提示】

（1）表单：Name：rate、Caption：外汇汇率查询。

（2）数据环境："外汇汇率.dbf"表。

（3）下拉列表框 Combo1：RowSourceType：字段；RowSource：外汇汇率.币种 1。

（4）下拉列表框 Combo2：RowSourceType：字段；RowSource：外汇汇率.币种 2。

（5）Command1.Click 代码：

```
SET SAFETY OFF
SELECT * FROM 外汇汇率;
    WHERE 币种 1=ALLTRIM(Thisform.Combo1.Value);
    .AND.币种 2=ALLTRIM(Thisform.Combo2.Value) INTO TABLE temp_rate
SET SAFETY ON
```

（6）Command2.Click 代码：

```
Thisform.Release
```

第 5 套操作题

一、基本操作

（1）创建数据库文件 EX1.DBC。

（2）将自由表"成品库.DBF"添加到数据库 EX1.DBC 中去。

（3）使用表设计器创建属于数据库 EX1.DBC 的数据表文件"销售记录.DBF"，其字段为：合同号 C(4)，产品批号 C(6)，订货单位 C(20)，订货日期 D，订货数量 I，是否试用 L，销售数量 I，销售员 C(6)；设置"是否试用"字段的标题为"试用"，默认值为.T.；设置记录有效性规则：订货数量>=销售数量；按"合同号"建立主索引，按"产品批号"、"订货日期"、"销售员"建立普通索引，并输入以下记录：

合同号	产品批号	订货单位	订货日期	订货数量	是否试用	销售数量	销售员
H010	P00101	盛华贸易有限公司	2003 年 4 月 5 日	300	.T.	300	王 芳
H016	P00102	第四中心医院	2003 年 7 月 20 日	1500	.T.	1000	李秀云
H018	P00032	第一医药采购中心	2004 年 2 月 12 日	3500	.F.	3500	王 芳
H022	P00101	第四中心医院	2004 年 5 月 2 日	500	.T.	500	李秀云
H026	P00065	第二医药采购中心	2004 年 6 月 10 日	1350	.F.	1350	苏志强

1. 建立数据库

设置默认目录，单击"常用"工具栏中的"新建"按钮 ，创建数据库文件 EX1.DBC，并打开数据库设计器窗口。

2. 把自由表添加到数据库中

在数据库设计器空白区右击，从弹出的快捷菜单中选择"添加表"，将"成品库.dbf"表添加到数据库中。

3. 创建数据库表

在数据库设计器空白区右击，从弹出的快捷菜单中选择"新建表"，单击"新建表"按钮，设置表名为"销售记录.dbf"，单击"保存"按钮，打开表设计器，然后参照前面说明创建表结构。

4. 设置字段有效性规则与记录有效性规则

在字段列表区选中"是否试用"字段，在"显示"区的"标题"编辑框中输入"试用"，在"字段有效性"区设置"默认值"为".T."。

打开"字段"选项卡，在"记录有效性"区的"规则"编辑框中输入"订货数量>=销售数量"。

5. 建立索引

在"字段"选项卡中设置"合同号"、"产品批号"、"订货日期"、"销售员"4 个字段的"索引"为"升序"；打开"索引"选项卡，设置"合同号"索引类型为"主索引"。

单击"确定"按钮，单击"是"按钮，立即输入前面给出的数据。

> 如果不立即输入数据，也可以以后在数据库设计器中右击表，选择"浏览"，打开浏览窗口，然后选择"显示"菜单中的"追加方式"，来修改现有记录或追加新记录。

二、简单应用

【要求】

利用查询设计器查询订货数量总和在 1000 盒以上（含 1000 盒）的产品，要求输出"产品批号"、"产品名称"、"订货日期"、"订货数量"和"销售员"字段，结果按"订货日期"降序排列（最近的日期在前），并将查询结果输出到表"EX1_查询.DBF"中去。

【操作提示】

（1）单击"常用"工具栏中的"新建"按钮，创建一个新查询。

（2）利用"打开"对话框将"成品库"表添加到查询设计器中，然后关闭"打开"对话框。

（3）在随后打开的"添加表或视图"对话框中单击选中"销售记录"表，然后单击"添加"按钮，将该表添加到查询设计器中，然后关闭该对话框。

（4）在随后打开的"连接条件"对话框中设置如下连接条件：

成品库.产品批号=销售记录.产品批号

"连接类型"为"内部连接

然后依次单击"确定"按钮和"关闭"按钮，关闭"连接条件"对话框和"添加表或视图"对话框。

（5）在"字段"选项卡的"可用字段"列表中分别双击"销售记录.产品批号"、"成品库.产品名称"、"销售记录.订货日期"、"销售记录.订货数量"和"销售记录.销售员"字段，将其添加到"选定字段"列表中。

（6）打开"排序依据"选项卡，设置"排序条件"为"销售记录.订货日期"，"排序选项"为"降序"。

（7）打开"分组依据"选项卡，设置分组字段为"成品库.产品批号"；单击"满足条件"按钮，设置满足条件为"SUM(销售记录.订货数量) >= 1000"。

（8）单击"常用"工具栏中的"运行"按钮 ，运行查询，结果如图5-1所示。

产品批号	产品名称	订货日期	订货数量	销售员
P00065	DDDDDD	06/10/04	1350	苏志强
P00032	BBBBBB	02/12/04	3500	王 芳
P00102	CCCCCC	07/20/03	1500	李秀云

图5-1 查询结果

（9）选择"查询"菜单中的"查询去向"命令，在打开的"查询去向"对话框中单击"表"按钮，然后输入表名"EX1_查询"，最后单击"确定"按钮。

（10）再次运行查询，此时查询结果将不再显示，而是直接保存到了EX1_查询.DBF表中。

（11）按Ctrl+S组合键，将查询文件以"产品订货查询.qpr"名称保存。

查询程序的内容如下：

```
    SELECT 销售记录.产品批号, 成品库.产品名称, 销售记录.订货日期,;
      销售记录.订货数量, 销售记录.销售员;
    FROM   ex1!成品库  INNER JOIN ex1!销售记录 ;
      ON   成品库.产品批号 = 销售记录.产品批号;
    GROUP BY 成品库.产品批号;
    HAVING SUM(销售记录.订货数量) >= 1000;
    ORDER BY 销售记录.订货日期 DESC;
    INTO TABLE ex1_查询.dbf
```

三、综合应用

【要求】

建立表单，其文件名和表单控件名称均为FORM1，其标题为"统计"，如图5-2所示。在表单中创建一个下拉列表框Combo1，一个标签Label1，一个文本框Text1，一个表格Grid1，两个命令按钮Command1和Command2。

其中，Command1的标题为"统计"，Command2的标题为"退出"；以"产品批号"、"订货单位"、"销售员"作为下拉列表框的列表项，要求单击列表项时，能在标签中显示出下列列表框当前选中的列表项。在文本框中输入选中的列表项对应的值，单击"统计"按钮，可在表格控件中显示统计结果，要求输出产品批号、产品名称、订货单位、订货数量、销售数量、销售金额和销售员信息。查询结束后，单击"退出"按钮可结束表单运行。

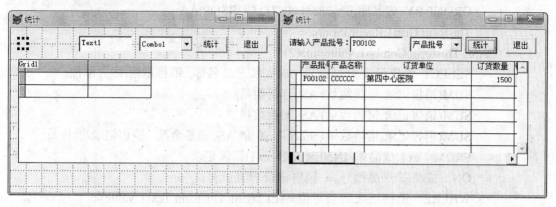

图 5-2 统计表单

【操作提示】

（1）标签控件 Label1：Caption：空（其内容由程序设置）；AutoSize：.T.。

（2）下拉列表框 Combo1：Style：2 – 下拉列表框；RowSourceType：5 – 数组；RowSource：ma。

（3）Combo1.Init 代码：

```
PUBLIC ma(3)
*指定下拉列表框 Combol1 内的三个列表项
ma(1)="产品批号"
ma(2)="订货单位"
ma(3)="销售员"
This.ListIndex=1
Thisform.Label1.Caption="请输入"+This.Value+"："
```

（4）Combo1.Click 代码：

```
Thisform.Label1.Caption="请输入"+Thisform.Combo1.Value+"："
Thisform.Text1.Value=""
Thisform.Refresh
```

（5）表格控件 Gird1：RecordSourceType：0 - 表。

（6）Command1.Click 代码：

```
DO CASE
CASE Thisform.Combo1.Value=ma(1)
    SELECT 销售记录.产品批号, 成品库.产品名称, 销售记录.订货单位,;
    SUM(销售记录.订货数量) AS 订货数量,;
    SUM(销售记录.销售数量) AS 销售数量,;
    SUM(销售记录.销售数量)*成品库.单价 AS 销售金额, 销售记录.销售员;
    FROM   ex1!成品库 INNER JOIN ex1!销售记录 ;
```

```
    ON    成品库.产品批号 = 销售记录.产品批号;
    WHERE   销售记录.产品批号=ALLTRIM(Thisform.Text1.Value);
    GROUP BY  成品库.产品批号  INTO CURSOR AA
    Thisform.Grid1.RecordSource=""
CASE Thisform.Combo1.Value=ma(2)
    SELECT  销售记录.产品批号, 成品库.产品名称, 销售记录.订货单位,;
    SUM(销售记录.订货数量) AS  订货数量,;
    SUM(销售记录.销售数量) AS  销售数量,;
    SUM(销售记录.销售数量)*成品库.单价 AS  销售金额, 销售记录.销售员;
    FROM   ex1!成品库 INNER JOIN ex1!销售记录 ;
    ON   成品库.产品批号 = 销售记录.产品批号;
    WHERE   销售记录.订货单位=ALLTRIM(Thisform.Text1.Value) ;
    GROUP BY   销售记录.订货单位  INTO CURSOR AA
    Thisform.Grid1.RecordSource=""
CASE Thisform.Combo1.Value=ma(3)
    SELECT  销售记录.产品批号, 成品库.产品名称, 销售记录.订货单位,;
    SUM(销售记录.订货数量) AS  订货数量,;
    SUM(销售记录.销售数量) AS  销售数量,;
    SUM(销售记录.销售数量)*成品库.单价 AS  销售金额, 销售记录.销售员;
    FROM   ex1!成品库 INNER JOIN ex1!销售记录 ;
    ON   成品库.产品批号 = 销售记录.产品批号;
    WHERE   销售记录.销售员=ALLTRIM(Thisform.Text1.Value);
    GROUP BY 销售记录.销售员  INTO CURSOR AA
    Thisform.Grid1.RecordSource=""
ENDCASE
```

（7）Command2.Click 代码：

```
Thisform.Release
```

第 6 套操作题

一、基本操作

【要求】

打开公司销售数据库 SELLDB，为各部门分年度季度销售金额和利润表 S_T 创建一个主索引和一个普通索引（升序），主索引的索引名为 no，索引表达式为"部门号+年度"；普通索引的索引名和索引表达式均为"部门号"。

在 S_T 表中增加一个名为"备注"的字段，字段数据类型为"字符"、宽度为 30。

【操作提示】

1. 打开数据库

设置默认目录，单击"常用"工具栏中的"打开"按钮📂，设置要打开的"文件类型"为"数据库"，然后在文件列表区单击选中"SELLDB.dbc"，最后单击"确定"按钮。

2. 建立索引

右击 S_T 表，从弹出的快捷菜单中选择"修改"，打开表设计器。打开"索引"选项卡，输入索引名：no，设置索引类型为"主索引"，设置索引表达式为：部门号+年度，设置排序方式为升序。

输入索引名：部门号，设置索引表达式为"部门号"。

3. 修改表结构

打开"字段"选项卡，在最后添加一个新字段，设置字段名为"备注"，类型为"字符型"，"宽度"为 30。单击"确定"按钮，确认对表结构的修改。

二、简单应用

【要求】

打开公司销售数据库 SELLDB，完成如下 VFP 简单应用：

打开命令文件 TWO.PRG，该命令文件用来查询各部门的分年度的部门号、部门名、年度、全年销售额、全年利润和利润率（全年利润/全年销售额），查询结果先按照年度升序、再按利润率降序排序，并存储到 S_SUM 表中。

命令文件 TWO.PRG 的原代码如下（其中，加粗显示的为错误行）：

*下面的程序在第 5、6、7、9、10 行有错误，请直接在错误处修改。

*修改时，不可改变 SQL 语句的结构和短语的顺序，不允许增加或合并行。

OPEN DATABASE SELLDB

```
SELECT S_T.部门号, 部门名, 年度, ;
一季度销售额+二季度销售额+三季度销售额+四季度销售额 AS 全年销售额, ;
一季度利润+二季度利润+三季度利润+四季度利润 AS 全年利润, ;
一季度利润+二季度利润+三季度利润+四季度利润/一季度销售额+ ;
二季度销售额+三季度销售额+四季度销售额 AS 利润率 ;
FROM S_T DEPT;
WHERE S_T.部门号 ＝DEPT.部门号;
GROUP BY 年度 利润率 DESC;
INTO S_SUM
```

【操作提示】

TWO.PRG 修改后的代码如下：

```
OPEN DATABASE SELLDB
SELECT S_T.部门号, 部门名, 年度, ;
一季度销售额+二季度销售额+三季度销售额+四季度销售额 AS 全年销售额, ;
一季度利润+二季度利润+三季度利润+四季度利润 AS 全年利润, ;
(一季度利润+二季度利润+三季度利润+四季度利润)/(一季度销售额+ ;
二季度销售额+三季度销售额+四季度销售额)  AS 利润率 ;
FROM S_T, DEPT ;
WHERE S_T.部门号 ＝DEPT.部门号 ;
ORDER BY 年度, 利润率 DESC ;
INTO TABLE S_SUM
```

三、综合应用

【要求】

打开公司销售数据库 SELLDB，完成如下 VFP 综合应用：

设计一个表单名为 Form_one、表单文件名为 SD_SELECT、表单标题名为"部门年度数据查询"的表单，其表单界面如图 6-1 所示。其他要求如下：

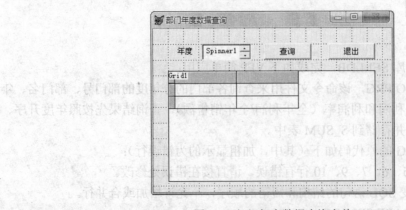

图 6-1 部门年度数据查询表单

（1）为表单建立数据环境，向数据环境添加 S_T 表（Cursor1）。

（2）当在"年度"标签右边的微调控件中（Spinner1）输入年度并单击"查询"按钮（Command1）时，将在下边的表格控件（Grid1）内显示该年度各部门的四个季度的销售额和利润。

通过设置 SpinnerHighValue 属性与 SpinnerLowValue 属性值分别为 2010 和 1999，指定单击微调控件上箭头按钮可设置的最大值，以及单击下箭头按钮可设置的最小值，并设置缺省值（Value 属性）为 2003，增量（Increment 属性）为 1。

（3）设置表格控件的 RecordSourceType 属性值为"4 - SQL 说明"。

（4）单击"退出"按钮（Command2）时可关闭表单。

【操作提示】

（1）表单控件：Name：Form_one；Caption：部门年度数据查询。

（2）在表单上右击鼠标，从弹出的快捷菜单中选择"数据环境"，向数据环境中添加 S_T 表。

（3）微调控件 Spinner1：SpinnerHighValue：2010；SpinnerLowValue：1999；Value：2003；Increment：1。

（4）表格控件 Grid1：RecordSourceType：4 - SQL 说明；RecordSource：（无）。

（5）按钮控件 Command1：Caption：查询；按钮控件 Command2：Caption：退出。

（6）Command1.Click 代码：

```
t=Alltrim(Str(Thisform.Spinner1.Value))
Thisform.Grid1.RecordSource="SELECT S_t.部门号, 部门名, 一季度销售额, ;
    一季度利润, 二季度销售额, 二季度利润, 三季度销售额, 三季度利润, ;
    四季度销售额, 四季度利润 ;
FROM   selldb!s_t   INNER JOIN   selldb!dept ;
    ON   S_t.部门号 = Dept.部门号 ;
WHERE   年度 = t   ORDER BY S_t.部门号   INTO CURSOR aa"
```

（7）Command2.Click 代码：

```
Thisform.Release
```

第 **7** 套操作题

一、基本操作

【要求】

（1）打开学生数据库 SDB。

（2）为学生表 STUDENT 的"性别"字段增加约束：性别$"男女"，出错提示为"性别必须是男或女"，默认值为"女"。

（3）为学生表 STUDENT 创建一个主索引，索引名为 sid，索引表达式为"学号"；为课程表 COURSE 创建一个主索引，索引名为 cid，索引表达式为"课程号"；为选课表 SC 创建一个主索引和两个普通索引（升序），其中，主索引的索引名 scid，索引表达式为"学号+课程号"；一个普通索引的索引名为 sid，索引表达式为"学号"：另一个普通索引的索引名为 cid，索引表达式为"课程号"。

【操作提示】

1．打开数据库

设置默认目录，单击"常用"工具栏中的"打开"按钮🖼，设置要打开的"文件类型"为"数据库"，然后在文件列表区单击选中"SDB.dbc"，最后单击"确定"按钮。

2．建立字段有效性规则

（1）在数据库设计器中右击 Student 表，从弹出的快捷菜单中选择"修改"，打开表设计器。

（2）在"字段"选项卡中选择"性别"字段，在"字段有效性"设置区中的"规则"编辑框中输入：性别$"男女"，在"信息"编辑框中输入："性别必须是男或女"，并在"默认值"编辑框中输入："女"。

（3）单击"确定"按钮，确认对表结构的修改并关闭表设计器。

3．建立索引

（1）在数据库设计器中右击 student 表，打开"索引"选项卡，设置索引名为 sid，索引类型为"主索引"，索引表达式为"学号"。

（2）在数据库设计器中右击 course 表，打开"索引"选项卡，设置索引名为 cid，索引类型为"主索引"，索引表达式为"课程号"。

（3）在数据库设计器中右击 sc 表，打开"索引"选项卡，设置索引名为 scid，索引类型为"主索引"，索引表达式为"学号+课程号"；创建索引 sid，设置索引类型为"普通索引"（默认），索引表达式为"学号"；创建索引 cid，设置索引类型为"普通索引"（默认），索引表达式为"课程号"。

索引的默认顺序均为升序，故无需再进行设置。

二、简单应用

【要求】

打开学生数据库 SDB，设计一个名称为"成绩查询.qpr"的查询，查询每个同学的学号（来自 STUDENT 表）、姓名、课程名和成绩。查询结果先按课程名升序、再按成绩降序排序，查询去向为表，表名是"成绩查询.dbf"。设计完成后，运行该查询。

【操作提示】

（1）首先利用命令窗口执行 CLOSE ALL 命令，关闭数据库等，然后单击"常用"工具栏中的"新建"按钮，创建一个新查询。

（2）在"打开"对话框中单击选中 student 表，然后单击"确定"按钮，将该表添加到查询设计器中。

（3）在打开的"添加表或视图"对话框中单击选中 sc 表，然后单击"添加"按钮，并在随后打开的"连接条件"对话框中确认如下连接条件：

Student.学号=Sc.学号

"连接类型"为"内部连接"

（4）在打开的"添加表或视图"对话框中单击选中 course 表，然后单击"添加"按钮，并在随后打开的"连接条件"对话框中确认如下连接条件：

Sc.课程号=Course.学号

"连接类型"为"内部连接"

（5）关闭"添加表或视图"对话框，在查询设计器的"字段"选项卡的"可用字段"列表中依次双击 Student.学号、Student.姓名、Course.课程名,和 Sc.成绩，将这些字段添加到"选定字段"列表中。

（6）打开"排序依据"选项卡，将 Course.课程和 Sc.成绩字段设置为排序字段，并设置各自的"排序选项"为"升序"和"降序"。

（7）单击"常用"工具栏中的"运行"按钮，运行查询，结果如图 7-1 所示。

（8）选择"查询"菜单中的"查询去向"命令，在打开的"查询去向"对话框中单击"表"按钮，然后输入表名"成绩查询"，最后单击"确定"按钮。

（9）再次运行查询，此时查询结果将不再显示，而是直接保存到了"成绩查询.dbf"表中。

（10）按 Ctrl+S 组合键，将查询文件以"成绩查询.qpr"名称保存。

此时生成的 SQL 语句如下：

SELECT Student.学号, Student.姓名, Course.课程名, Sc.成绩;

```
        FROM    sdb!student INNER JOIN sdb!sc;
          INNER JOIN sdb!course ;
        ON    Sc.课程号  = Course.课程号 ;
        ON    Student.学号 = Sc.学号;
      ORDER BY Course.课程名, Sc.成绩  DESC;
      INTO TABLE  成绩查询.dbf
```

学号	姓名	课程名	成绩
s9	欧阳家登	C++	100.0
s3	徐敏	C++	85.0
s8	达娃	C++	82.0
s1	林萍	C++	75.0
s2	张爱国	C++	75.0
s6	张爱娟	C++	75.0
s8	达娃	二级 Visual BASIC	98.0
s2	张爱国	二级 Visual BASIC	95.0
s1	林萍	二级 Visual BASIC	90.0
s3	徐敏	二级 Visual BASIC	90.0
s5	张激扬	二级 Visual BASIC	88.0

图 7-1　成绩查询结果

三、综合应用

【要求】

创建一个文件名为 FORM，如图 7-2 所示的表单，完成如下操作：

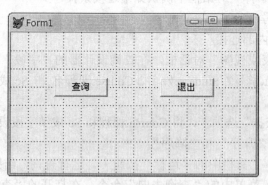

图 7-2　查询表单

（1）"查询"按钮（Command1）：在该按钮的 Click 事件中使用 SQL 的 SELECT 命令查询所有课程成绩都是 60 分以上（包括 60 分）的学生的学号、姓名、平均成绩和最低分，并将查询结果存储到表 FOUR 中。

（2）"退出"按钮（Command2）：单击"退出"按钮时关闭表单。

【操作提示】

方法 1：为"查询"按钮的 Click 事件编写如下程序：

```
SET SAFETY OFF
```

```
SELECT Student.学号, Student.姓名, AVG(Sc.成绩) AS 平均成绩,;
  MIN(Sc.成绩) AS 最低分 ;
  FROM    sdb!course INNER JOIN sdb!sc INNER JOIN sdb!student ;
    ON Sc.学号 = Student.学号;
    ON Course.课程号 = Sc.课程号;
  WHERE Student.学号 NOT IN (SELECT DISTINCT 学号 FROM sc ;
    WHERE 成绩<60);
  GROUP BY Student.学号 INTO TABLE four
  SET SAFETY ON
```

方法 2：为"查询"按钮的 Click 事件编写如下程序：

```
SET SAFETY OFF
SELECT Student.学号, Student.姓名, AVG(Sc.成绩) AS 平均成绩,;
  MIN(Sc.成绩) AS 最低分;
  FROM    sdb!course INNER JOIN sdb!sc INNER JOIN sdb!student ;
    ON    Sc.学号 = Student.学号;
    ON    Course.课程号 = Sc.课程号;
  GROUP BY Student.学号 having MIN(Sc.成绩)>=60 INTO TABLE four
  SET SAFETY ON
```

另外，为"退出"按钮的 Click 事件编写如下程序：

```
Thisform.Release
```

第 *8* 套操作题

一、基本操作

【要求】

（1）创建数据库文件：考生.DBC。

（2）使用表设计器创建属于数据库文件"考生.DBC"的数据库表文件：考生表.DBF，该表记载考生的姓名（C，8）和语文（N，5，1）、数学（N，5，1）和英语（N，5，1）的成绩。要求姓名只允许输入字母；语文、数学和英语的成绩只允许输入非负数，并且每门课程的成绩不高于 100 分，3 门课程成绩之和不低于 250 分。

（3）输入下表所示考生信息。

姓　名	语　文	数　学	英　语
张激扬	84	78	90
邓一欧	90	85	87
徐　玮	92	91	98

【操作提示】

1. 建立数据库

设置默认目录，单击"常用"工具栏中的"新建"按钮□，创建数据库文件：考生.DBC，并打开数据库设计器窗口。

2. 创建数据库表

在数据库设计器空白区右击，从弹出的快捷菜单中选择"新建表"，单击"新建表"按钮，设置表名为：考生表.dbf，单击"保存"按钮，打开表设计器，然后参照前面说明创建表结构。

3. 设置字段有效性规则

打开"字段"选项卡，分别为"姓名"、"语文"等字段设置如下输入掩码和字段有效性规则：

➢ **"姓名"字段**：设置"输入掩码"为 XXXXXXXX。

如果"姓名"只能为英文字母，则应将"输入掩码"设置为 AAAAAAAA。

> ➤ **"语文"字段有效性规则：**语文>=0.AND.语文<=100。
> ➤ **"数学"字段有效性规则：**数学=>0.AND.数学<=100。
> ➤ **"英语"字段有效性规则：**英语=>0.AND.英语<=100。

4. 设置记录有效性规则

打开"表"选项卡，设置记录有效性规则为：(语文+数学+英语)>=250。

设置结束后，单击"确定"按钮，然后单击"是"按钮，立即输入前面所给的数据。

二、简单应用

【要求】

使用表单向导为"考生表.DBF"创建表单文件 WHBO.SCX（表单控件名称采用默认的 form1）。要求：表单中包含"考生表.DBF"的全部字段，表单样式采用阴影式。

初步创建好表单后，打开创建的表单文件 WHBO.SCX，设置其所有标签的标题为红色（255,0,0），设置表单的底色为青色（0,128,128）。

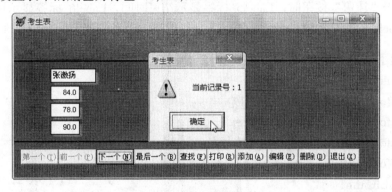

图 8-1　表数据操作表单

最后，要求单击表单能弹出一个信息对话框，并在其中显示当前记录号。

【操作提示】

（1）设置表单的 BackColor 属性为青色（0,128,128）。

（2）在属性面板中打开对象列表，分别选中"考生表"标签，以及"姓名"、"语文"、"数学"和"英语"等容器中的 Label1 标签，设置其 ForeColor 属性为红色（255,0,0）。

（3）为 Form1.Click 事件编写如下代码：

MESSAGEBOX("当前记录号："+ ALLTRIM(STR(RECN())),0+48,"考生表")

三、综合应用

【要求】

有一个电话计费程序，表单窗口如图 8-2 所示，表单文件名为 DHJF.SCX，表单控件名称为 form1。假设每分钟通话费为 0.13 元，请完成下列要求：

（1）单击"开始"按钮时，Label4 标签显示开始时间，同时清空 Label5、Label6 和 Label8 标签。

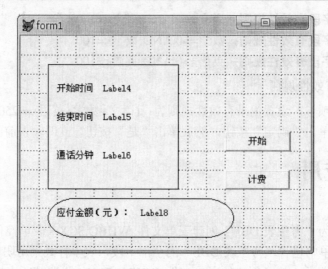

图 8-2 电话计费表单

（2）单击"计费"按钮时，Label5 标签显示结束时间，Label6 标签显示通话时间（单位：分），Label8 标签显示应付金额，不足 1 分钟者按 1 分钟收费。

【操作提示】

（1）Command1.Click 的代码：

```
Thisform.Label4.Caption=TIME()
Thisform.Label5.Caption=""
Thisform.Label6.Caption=""
Thisform.Label8.Caption=""
PUBLIC tim1
tim1=ALLT(Thisform.Label4.Caption)
```

（2）Command2.Click 的代码：

```
Thisform.Label5.Caption=TIME()
tim2=ALLT(TIME())
uhour=(VAL(SUBST(tim2,1,2))-VAL(SUBST(tim1,1,2)))*60
uminute=VAL(SUBST(tim2,4,2))-VAL(SUBST(tim1,4,2))
IF (VAL(SUBST(tim2,7,2))>VAL(SUBST(tim1,7,2)))
    uminute=uminute+1
ENDIF
uminute=uminute+uhour
Thisform.Label6.Caption=ALLTRIM(STR(uminute))
Thisform.Label8.Caption=STR(uminute*0.13,5,2)
```

第 **9** 套操作题

一、基本操作

【要求】

（1）打开"学生管理.dbc"数据库及数据库设计器，其中的两个表"学生.dbf"和"学生成绩.dbf"的必要索引已经建立，为这两个表建立永久关联。

（2）为"学生.dbf"表添加字段：奖学金 N（7，2）。

【操作提示】

1. 打开数据库

设置默认目录，单击"常用"工具栏中的"打开"按钮，设置要打开的"文件类型"为"数据库"，然后在文件列表区单击选中"学生管理.dbc"，最后单击"确定"按钮。

2. 建立永久联系

拖动"学生"表（父表）中的主索引"学号"到"学生成绩"表（子表）中的普通索引"学号"，即建立了一对多的永久联系。

3. 修改表结构

右击"学生"表，从弹出的快捷菜单中选择"修改"，打开表设计器。在"字段"选项卡中字段列表的最后添加一个新字段"奖学金"，设置其类型为"数值型"，宽度为 7，小数位数为 2。

二、简单应用

【要求】

xk.prg 程序完成下列功能：

（1）新建一个表 xk.dbf，表中包含两个字段（学号 C（8），选课门数 N（2））。

（2）根据"学生"表和"学生成绩"表统计每个学生选课的门数，且将统计结果保存在 cs 表中。

xk.prg 程序有 3 个错误，其原代码如下。其中，错误行以粗体标识。读者只能修改错误行，而不能增加或删除行。

```
SET SAFETY OFF
CLOSE ALL
CREATE   xk (学号 C(4)，选课门数 N(4))
use 学生  IN 0
```

```
USE 学生成绩 IN 0
SELECT 学生
DO WHILE NOT EOF()
    SELECT  SUM(*) FROM 学生 WHERE 学号= ;
        学生成绩. 学号 INTO arrey cs
    INSERT INTO  学生 VALUES(学号,cs(1))
    SKIP
ENDDO
CLOSE ALL
USE xk
SORT ON 学号 TO xk1
USE xk1
COPY TO xk
USE
DELE FILE XK1.DBF
SET SAFETY ON
```

【操作提示】

修改后的代码如下:

```
SET SAFETY OFF
CLOSE ALL
CREATE TABLE xk (学号 C(8),选课门数 N(4))
USE 学生 IN 0
USE 学生成绩 IN 0
SELECT 学生
DO WHILE NOT EOF()
    SELECT count(*) FROM 学生成绩 WHERE 学生成绩.学号= ;
        学生.学号  INTO array cs
    INSERT INTO xk VALUES(学生.学号,cs(1))
    SKIP
ENDDO
CLOSE ALL
USE xk
SORT ON 学号 TO xk1
USE xk1
COPY TO xk
USE
DELE FILE xk1.dbf
SET SAFETY ON
```

三、综合应用

【要求】

设计一个下拉菜单 CD.MNX，包括三个菜单项，一个为"文件"，有子菜单项：新建、打开和关闭，均为系统菜单项；一个为"查询"，查询的过程代码功能是利用 SQL 语句查询学生成绩表中各门课程的课程编号和选课人数，结果保存在 rs.dbf 中并自动浏览表 rs；程序运行后选择"退出"可返回系统菜单。运行菜单时界面如图9-1所示。

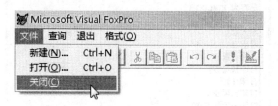

图9-1　菜单运行画面

"格式"菜单为系统菜单项，非自定义菜单。

【操作提示】

（1）单击"常用"工具栏中的"新建"按钮 ▯，设置新建文件类型为"菜单"，单击"新建文件"按钮。

（2）单击"菜单"按钮，打开菜单设计器，参照图9-2所示创建 3 个菜单项并设置其类型。

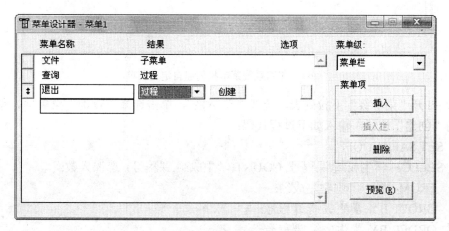

图9-2　创建主菜单项

（3）单击"文件"菜单项，单击"结果"列中的"创建"按钮，打开创建"文件"子菜单画面。

（4）单击"插入栏"按钮，打开"插入系统菜单栏"对话框，依次单击选择"新建"、

"打开"和"关闭"菜单项,并单击"插入"按钮,将这 3 个菜单项作为"文件"的子菜单项,最后单击"关闭"按钮,如图 9-3 所示。

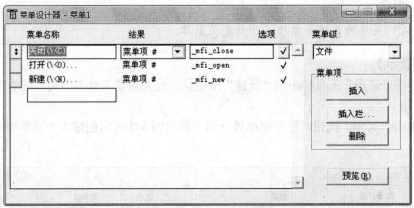

图 9-3 使用系统菜单栏创建自定义菜单

(5)打开"菜单级"下拉列表,选择"菜单栏",单击选择"查询"菜单项,单击"结果"列的"创建"按钮,输入如下过程代码:

```
SET SAFETY OFF
SELECT 学生成绩.课程号, COUNT(学生成绩.课程号) 选课人数;
    FROM 学生管理!学生成绩;
    GROUP BY 学生成绩.课程号;
    ORDER BY 学生成绩.课程号;
    INTO TABLE rs.dbf
SET SAFETY ON
USE RS
BROWSE
```

（6）单击选择"退出"菜单项，单击"结果"列的"创建"按钮，输入如下过程代码：

```
USE
SET SYSMENU TO DEFAULT
```

（7）按 Ctrl+S 组合键，保存菜单文件 cd.mnx。选择"菜单"中的"生成"命令，生成菜单程序 cd.mpr。

（8）在命令窗口执行如下命令：

```
DO cd.mpr
```

第 *10* 套操作题

一、基本操作

【要求】

（1）建立数据库 orders_manage。

（2）将自由表 employee 和 orders 添加到新建的 orders_manage 数据中。

（3）表 employee 与表 orders 具有一对多联系，为建立两个表之间的联系建立必要的索引（要求：索引名必须和索引表达式一致）。

（4）建立两表之间的联系并设置参照完整性规则如下：更新规则为"级联"、删除规则为"级联"、插入规则为"限制"。

【操作提示】

1．建立数据库

设置默认目录，单击"常用"工具栏中的"新建"按钮□，创建数据库文件：orders_manage.DBC，并打开数据库设计器窗口。

2．把自由表添加到数据库中

在数据库设计器空白区右击，从弹出的快捷菜单中选择"添加表"，将"employee.dbf"表添加到数据库中。再次执行该操作，将"orders.dbf"表添加到数据库中。

3．建立索引

在数据库设计器中右击 employee 表，从弹出的快捷菜单中选择"修改"，打开表设计器。在字段选项卡中单击"职工号"字段，设置"索引"为"升序"。打开"索引"选项卡，设置"职工号"索引的索引类型为"主索引"。单击"确定"按钮，确认对表结构的修改。

在数据库设计器中右击 orders 表，从弹出的快捷菜单中选择"修改"，打开表设计器。在字段选项卡中单击"职工号"字段，设置"索引"为"升序"，创建普通索引"职工号"。单击"确定"按钮，确认对表结构的修改。

4．建立永久联系

拖动 eployee 表（父表）中的"职工号"主索引到 orders 表（子表）中的"职工号"普通索引，在两表之间建立一对多的永久联系。

5．设置参照完整性

选择"数据库"菜单中的"清理数据库"，运行 PACK 命令，删除带有删除标记的行，以减小数据库的大小。

在数据库空白区右击，从弹出的快捷菜单中选择"编辑参照完整性"，打开"参照完整性生成器",设置更新规则为"级联"、删除规则为"级联"、插入规则为"限制"。

二、简单应用

【要求】

使用 SQL 语句查询每个职工所经手的具有最高金额的定购单,并将结果按金额升序存储到表 results 中。

【操作提示】

(1)单击"常用"工具栏中的"新建"按钮□,创建一个新查询,将 employee 和 orders 表添加到查询设计器中。

(2)在查询设计器的各选项卡中进行如下设置:

➢ **字段**:Orders.职工号,Employee.姓名,Orders.供应商号,Orders.订购单号,Orders.订购日期,MAX(Orders.金额)。

➢ **连接**:INNER JOIN Employee.职工号 = Orders.职工号。

➢ **排序依据**:MAX(Orders.金额),升序。

➢ **分组依据**:Employee.职工号。

(3)单击"常用"工具栏中的"运行"按钮 ❗,运行查询,结果如图 10-1 所示。

职工号	姓名	供应商号	订购单号	订购日期	Max_金额
e8	赵晓宁	s6	or10	01/19/00	9500
e13	汪敏全	s4	or16	05/16/00	10000
e3	王林	s3	or91	07/13/01	10000
e5	王涛	s3	or12	12/10/00	11000
e10	李晓东	s4	or13	12/25/00	12000
e6	刘山	NULL.	or77	.NULL.	12500
e14	洪霏霏	s9	or15	12/15/00	13000
e9	陈杰	s6	1008	04/29/00	13000
e7	李长海	s4	or76	05/25/01	18000
e1	张扬	NULL.	or80	.NULL.	21000
e2	关山	s1	or11	02/10/01	23000

图 10-1 查询结果

(4)选择"查询"菜单中的"查询去向"命令,在打开的"查询去向"对话框中单击"表"按钮,然后输入表名:results,最后单击"确定"按钮。

(5)再次运行查询,此时查询结果将不再显示,而是直接保存到了"results.dbf"表中。

(6)按 Ctrl+S 组合键,将查询文件以"订购单查询.qpr"名称保存。

 提示

此时生成的 SQL 语句如下:

SELECT Orders.职工号, Employee.姓名, Orders.供应商号, Orders.订购单号,;
    Orders.订购日期, MAX(Orders.金额);

FROM   orders_manage!employee INNER JOIN orders_manage!orders ;
ON   Employee.职工号 = Orders.职工号;
GROUP BY Employee.职工号;
ORDER BY 6;
INTO TABLE results.dbf

三、综合应用

【要求】

建立一个如图 10-2 所示的表单。表单文件名和表单控件名均为 myform_b，表单标题为"订单管理"，表单其他功能如下：

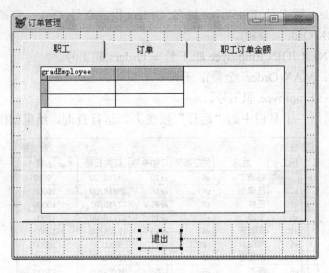

图 10-2   表单示例

（1）表单中含有一个页框控件（PageFrame1）和一个"退出"命令按钮（Command1），单击"退出"命令按钮可关闭并释放表单。

（2）页框控件（PageFrame1）中含有三个页面，每个页面都通过一个表格控件显示有关信息。

（3）第一个页面 Page1 上的标题为"职工"，其上的表格控件名为 gradEmployee，显示表 employee 中的内容。

（4）第二个页面 Page2 上的标题为"订单"，其上的表格控件名为 grdOrders，显示表 orders 中的内容。

（5）第三个页面 Page3 上的标题为"职工订单金额"，其上的表格控件名为 Grid1，该表格中显示每个职工的职工号、姓名及其所经手的订单总金额（注：表格只有 3 列，第 1 列为"职工号"，第 2 列为"姓名"，第 3 列为"总金额"）。

【操作提示】

（1）表单：Name：myform_b；Caption：订单管理。

（2）数据环境：employee 表与 orders 表。

（3）页框控件 PageFrame1：PageCount：3。

（4）页面 Page1：Caption：职工。

（5）Page1 中表格：Name：gradEmployee；RecordSourceType：0 - 表；RecordSource：employee。

（6）页面 Page2：Caption：订单。

（7）Page2 中表格：Name：grdOrders；RecordSourceType：0 - 表；RecordSource：orders。

（8）页面 Page3：Caption：职工订单金额。

（9）Page3 中表格：Name：Grid1；RecordSourceType：4 – SQL 说明。

（10）Page3.Activate 事件代码：

```
This.Grid1.RecordSource= ;
"SELECT Employee.职工号, Employee.姓名, Sum(Orders.金额) 总金额 ;
   FROM orders_manage!employee INNER JOIN orders_manage!orders ;
   ON Employee.职工号 = Orders.职工号;
   GROUP BY Employee.职工号 INTO CURSOR aa"
```

（11）Command1：Caption：退出。

（12）Command1.Click 代码：

```
Thisform.Release
```

第 11 套操作题

一、基本操作

【要求】

（1）创建一个数据库文件"雇员管理"，并在该数据库中建立一个"雇员"表，其结构为：部门号 C(2)、雇员号 C(4)、姓名 C(8)、性别 C(2)、年龄 N(3)、日期 D(8)，然后输入以下 5 条记录：

部门号	雇员号	姓 名	性别	年龄	日 期
01	0010	李明晓	女	22	05/20/99
02	0100	王小华	女	20	02/18/99
01	0101	张 浩	男	25	10/01/98
02	0111	赵 莉	女	23	07/01/98
01	0011	扬 名	男	21	09/01/99

（2）设置"雇员"表中"性别"字段的有效性规则为：性别只能取"男"或"女"，默认值为"女"。

（3）设置"雇员"表中"日期"字段的显示标题为"出生日期"。

（4）为"雇员"表中增加一个字段，其名称为"email"、类型为"字符"、宽度为 18。

（5）将"雇员"表中所有记录的"email"字段值使用"部门号"字段值加上"雇员号"字段值再加上"@863.com.cn"进行替换。

【操作提示】

1. 建立数据库

设置默认目录，单击"常用"工具栏中的"新建"按钮 □，创建数据库文件"雇员管理.DBC"，并打开数据库设计器窗口。

2. 创建数据库表

在数据库设计器空白区右击，从弹出的快捷菜单中选择"新建表"，单击"新建表"按钮，设置表名为"雇员.dbf"，单击"保存"按钮，打开表设计器，然后参照前面说明创建表结构。单击"确定"按钮，立即参照前面给出的数据输入记录。

3. 设置字段有效性规则、字段标题并新增字段

（1）在"字段"选项卡中选择"性别"字段，在"字段有效性"设置区中的"规则"编辑框中输入：性别$"男女"，在"默认值"编辑框中输入："女"。

（2）单击选择"日期"字段，在"显示"区的"标题"编辑框中输入：出生日期。

（3）在字段列表最后添加一个新字段，设置其字段名为 email，类型为"字符型"，宽度为 18。

4. 成批修改表记录

在命令窗口执行命令：

REPLACE ALL email WITH 部门号-雇员号-" @863.com.cn"

     或

UPDATE 雇员 SET email=部门号-雇员号-" @863.com.cn"

二、简单应用

【要求】

有数据库：教师.dbc，该数据库包含：教师津贴.dbf 和课时.dbf 两个数据库表。

编写程序 chksh.prg，根据"课时"表中的数据，为"教师津贴"表中"超课时费"一项添加正确内容。条件是：

（1）超课时数 = 实际课时 − 额定课时，超课时费每课时 20 元。

（2）每月额定课时：教授、副教授为 28 课时，讲师为 24 课时，助教为 22 课时。

（3）每月 1 日统计上月的超课时数，超课时费作为本月津贴的一部分 25 日发放。

（4）若遇"课时"表中没有对应记录的情况，以信息框形式给出提示："没有教师 XXX 本月的课时记载"，并将超课时费置为 0。

（5）程序的最后要浏览"教师津贴"表，查看课时费的添加情况。

【操作提示】

chksh.prg 的程序代码：

```
SET TALK OFF
CLOSE ALL
f=20
jsh1=28
jsh2=24
jsh3=22
OPEN DATABASE 教师
SELECT 1
USE 课时 ORDER 教师编号
SELECT 2
USE 教师津贴 ORDER 教师编号
SET RELATION TO 教师编号 INTO A
GO TOP
DO WHILE NOT EOF()
    IF 教师津贴.发放日期-课时.统计时间=24
        DO CASE
```

```
            CASE "教授"$职称
                REPLACE  超课时费  WITH (课时.实际课时-jsh1)*f
            CASE  职称="讲师"
                REPLACE  超课时费  WITH (课时.实际课时-jsh2)*f
            CASE  职称="助教"
                REPLACE  超课时费  WITH (课时.实际课时-jsh3)*f
            ENDCASE
        ELSE
            MESSAGEBOX("没有教师"+ALLTR(姓名)+"本月的课时记载",0)
            REPLACE  超课时费  WITH 0
        ENDIF
        SKIP
    ENDDO
    CLEAR
    BROWSE
    CLOSE ALL
    SET TALK ON
```

三、综合应用

【要求】

建立一个表单，表单文件名和表单控件名为 myform，表单标题为"津贴查询"，表单中有"查询"（名称为 Command1）和"退出"（名称为 Command2）两个命令按钮，如图 11-1 所示。

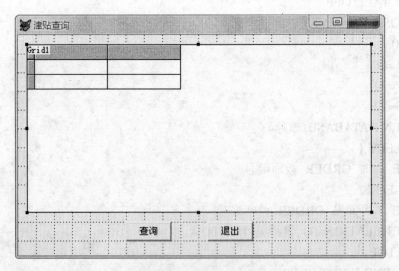

图 11-1　教师津贴查询表单

单击"查询"按钮时，在表格中显示教师津贴信息，如图 11-2 所示；单击"退出"按钮时可关闭并释放表单。

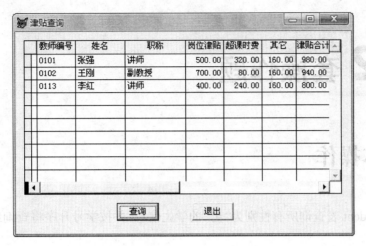

图 11-2 表单运行效果

【操作提示】

（1）表单控件：Name：myform；Caption：津贴查询。

（2）表格控件：Name：Grid1；RecordSourceType：4 – SQL 说明；RecordSource：（无）。

（3）查询按钮 Command1.Click 代码：

```
Thisform.Grid1.RecordSource=" ;
SELECT 教师编号, 姓名, 职称, 岗位津贴, 超课时费, 其他,;
    岗位津贴+超课时费+其他 AS 津贴合计;
  FROM 教师津贴 INTO CURSOR temp"
```

（4）退出按钮 Command2.Click 代码：

```
Thisform.Release
CLOSE ALL
```

第 *12* 套操作题

一、基本操作

【要求】

（1）从 student 表查询所有性别为"男"的学生信息，并按学号升序将查询结果存入 results 表。

（2）利用表单向导生成一个表单，该表单含有 student 表的学号、班级、姓名和性别 4 个字段，按学号字段升序排序，其他采用默认值，并将表单保存为 student.scx 文件。

【操作提示】

1. 创建排序表

设置默认目录，在命令窗口执行如下命令：

```
USE student
SELECT * FROM student WHERE 性别 = "男" ;
  ORDER BY 学号 INTO TABLE results.dbf
USE results
LIST
CLOSE ALL
```

2. 使用表单向导创建表单

（1）单击"常用"工具栏中的"新建"按钮 □，设置"文件类型"为"表单"，单击"向导"按钮。

（2）选择"表单向导"，单击"确定"按钮；选择 student.dbf 表，以及其中的"学号"、"班级"、"姓名"和"性别" 4 个字段；表单样式采用默认，设置排序字段为"学号"。单击"完成"按钮，将表单保存为 student.scx。

二、简单应用

【要求】

student 表示一个"学生"表，其中包含学号（C，8）、班级（C，5）、姓名（C，8）、性别（C，2）、出生日期（D）、政治面貌（C，4）等字段。考生目录下的 modi1.prg 程序文件的功能是显示输出所有政治面貌为"群众"的"男"生的姓名和班级，每行输出一个学生的信息，程序中有三处错误，请加以改正。

modi1.prg 程序文件的原代码如下。其中，程序中*****ERROR FOUND*********的下一

行即为错误所在行。请用改正后的程序行覆盖错误所在行，不要插入或删除任何程序行。

```
SET TALK OFF
USE STUDENT
LOCATE FOR  政治面貌="群众"
******ERROR FOUND******
DO WHILE .NOT.FOUND()
    IF  性别="女"
        CONTINUE
******ERROR FOUND******
        BREAK
    ENDIF
    ? 姓名,班级
******ERROR FOUND******
    SKIP
ENDDO
USE
SET TALK ON
```

【操作提示】

modi1.prg 程序文件修改后的代码如下：

```
SET TALK OFF
USE STUDENT
LOCATE FOR  政治面貌="群众"
******ERROR FOUND******
DO WHILE    FOUND()
    IF  性别="女"
        CONTINUE
******ERROR FOUND******
        LOOP
    ENDIF
    ? 姓名,班级
******ERROR FOUND******
    CONTINUE
ENDDO
USE
SET TALK ON
```

三、综合应用

【要求】

gnht.dbf 是一个合同管理文件，其中，部分字段的含义是：HTH（合同号）、DHDW（订货单位）、GHDW（供货单位）、JHSL（订货数量）。

编写程序 AFT.PRG，分别统计订货单位数、供货单位数、订货总数，并将结果填写到 jieguo.dbf 表文件中。

【操作提示】

程序文件 AFT.PRG 的代码如下：

```
set safety off
set talk off
clear
close all
select count(distinct DHDW)from gnht into array dhdws      && dhdws 为订货单位数
select count(distinct GHDW) from gnht into array ghdws     && ghdws 为供货单位数
select sum(JHSL) from gnht into array dhzs                 && dhzs 为订货总数
select 0
use jieguo
go top
replace num with dhdws
skip
replace num with ghdws
skip
replace num with dhzs
list
close all
set safety on
set talk on
```

运行程序 AFT.PRG 后，表 jieguo.dbf 的内容如下：

name(C,10)	num(N,10,2)
订货单位数	2.00
供货单位数	18.00
订货总数	20401.14

第 *13* 套操作题

一、基本操作

打开表单 formtest.scx，并完成下列操作：

（1）使 Label1 标签刚好容纳下标签文字内容，然后将其调整至表单中间位置。

（2）取消表单的最大化和最小化按钮。

（3）单击表单时关闭并释放表单。

（1）将 Label1 标签的 AutoSize 属性值由.F.修改为.T.。

（2）拖动标签，调整其位置。

（3）将表单 Form1 的 MaxButton 和 MinButton 属性值由.T.修改为.F.。

（4）为表单的 Click 事件编写如下代码：

```
Thisform.Release
```

二、简单应用

使用 SQL 命令在 employee 表中查询年龄最大的前 5 名职工的姓名和出生日期，查询结果按年龄降序存入表 emage.dbf 中（提示：表中无年龄字段，但是有出生日期字段）。

（1）单击"常用"工具栏中的"新建"按钮 ，创建一个新查询，将 employee 表添加到查询设计器中。

（2）在查询设计器的各选项卡中进行如下设置：

➢ **字段**：Employee.姓名, Employee.出生日期。

➢ **排序依据**：Employee.出生日期，升序。

➢ **杂项**：记录个数为 5。

（3）单击"常用"工具栏中的"运行"按钮 ，运行查询，结果如图 13-1 所示。

（4）选择"查询"菜单中的"查询去向"命令，在打开的"查询去向"对话框中单击"表"按钮，然后输入表名：emage，最后单击"确定"按钮。

（5）再次运行查询，此时查询结果将不再显示，而是直接保存到了"emage.dbf"表中。

（6）按 Ctrl+S 组合键，将查询文件以"年龄查询.qpr"名称保存。

图 13-1　查询结果

提示

此时生成的 SQL 语句如下：

```
SELECT TOP 5 Employee.姓名, Employee.出生日期;
   FROM employee;
   ORDER BY Employee.出生日期;
   INTO TABLE emage.dbf
```

三、综合应用

【要求】

建立如图 13-2 所示表单，表单完成一个计算器的功能。表单文件名和表单控件名均为 calculator，表单标题为"计算器"。

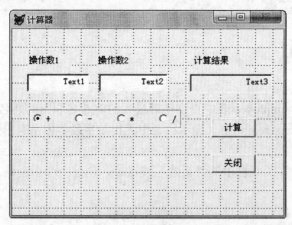

图 13-2　计算器表单

表单运行时，分别在操作数 1（Label1）和操作数 2 （Label2）下的文本框（分别为 Text1 和 Text2）中输入数字（不接受其他字符输入），通过选项组（Optiongroup1，4 个按钮可任意排列）选择计算方法（Option1 为"+"，Option2 为"-"，Option3 为"*"，Option4 为"/"），然后单击命令按钮"计算"（Command1）就会在"计算结果"（Label3）下的文本框 Text3 中显示计算结果，如图 13-3 所示。

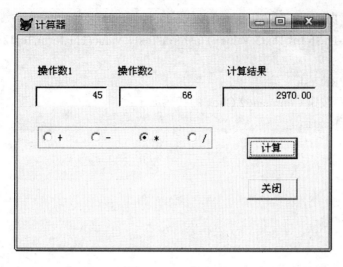

图 13-3 表单运行画面

要求使用 DO CASE 语句判断选择的计算分类，在 CASE 表达式中直接引用选项组的相关属性。

表单另有一命令按钮（Command2），按钮标题为"关闭"，表单运行时单击此按钮将释放表单。

【操作提示】

（1）表单：Name：calculator；Caption：计算器。

（2）Label1：Caption：操作数 1。

（3）Label2：Caption：操作数 2。

（4）Label3：Caption：计算结果。

（5）Text1：Value：0；InputMask：999999999。

（6）Text2：Value：0；InputMask：999999999。

（7）Text3：Value：0；ReadOnly：.T.；InputMask：999999999.99。

（8）Optiongroup1：首先在"表单控件"工具栏中单击选择"选项按钮组"工具 ，然后在表单中单击创建一个选项按钮组，接下来右击选项按钮组，从弹出的快捷菜单中选择"生成器"，打开"选项组生成器"。

设置"按钮的数目"为4，各按钮的标题分别为+、-、*、/，按钮布局为"水平"，按钮间隔为31像素。

（9）"计算"按钮 Command1.Click 的代码如下：

```
do case
    case Thisform.Optiongroup1.Value=1
        Thisform.Text3.Value=Thisform.Text1.Value+Thisform.Text2.Value
    case Thisform.Optiongroup1.Value=2
        Thisform.Text3.Value=Thisform.Text1.Value-Thisform.Text2.Value
    case Thisform.Optiongroup1.Value=3
        Thisform.Text3.Value=Thisform.Text1.Value*Thisform.Text2.Value
```

```
    case Thisform.Optiongroup1.Value=4
        Thisform.Text3.Value=Thisform.Text1.Value/Thisform.Text2.Value
endcase
Thisform.Refresh
```

（10）"关闭"按钮 Command2.Click 的代码如下：

```
Thisform.Release
```

第 **14** 套操作题

一、基本操作

创建数据库文件 zggl.dbc，在其中创建数据库表 zg.dbf，数据库表 zg 的结构和初始内容如下表所示。

zg.dbf **表结构**

字段名	类型	宽度	小数位数
职工号	字符型	6	
姓名	字符型	8	
性别	字符型	2	
出生日期	日期型	8	
婚否	逻辑型	1	
工资	数值型	6	2
职称	字符型	6	
部门	字符型	6	

zg.dbf **表记录**

记录号	职工号	姓名	性别	出生日期	婚否	工资	职称	部门
1	1002	胡一民	男	01/30/60	.T.	585.00	助工	技术科
2	1004	王爱民	男	10/05/61	.T.	928.34	技师	车间
3	1005	张小华	女	10/05/61	.F.	612.27	工程师	设计所
4	1010	宋文彬	男	12/14/63	.F.	596.94	技术员	技术科
5	1011	胡民	男	11/27/62	.T.	345.26	工程师	技术科
6	1015	黄小英	女	03/15/64	.F.	612.27	工程师	车间
7	1022	李红卫	女	08/17/61	.T.	623.45	工程师	设计所

【操作提示】

1. 建立数据库

设置默认目录，单击"常用"工具栏中的"新建"按钮 □，创建数据库文件"zggl.DBC"，并打开数据库设计器窗口。

2. 创建数据表

在数据库设计器空白区右击，从弹出的快捷菜单中选择"新建表"，单击"新建表"按钮，设置表名为"zg.dbf"，单击"保存"按钮，打开表设计器，然后参照前面说明创建表结构。单击"确定"按钮，立即参照前面给出的数据输入记录。

二、简单应用

【要求】

（1）将表文件 zg.dbf 复制到自由表 zg_1.dbf。

（2）根据表文件 zg_1.dbf 创建查询文件 gz.qpr，要求输出姓名、性别、工资三个字段且工资大于 600 元的记录。

【操作提示】

1. 复制表

在命令窗口执行如下命令：

```
USE zg
COPY TO zg_1
```

2. 创建查询

（1）单击"常用"工具栏中的"新建"按钮 □，创建一个新查询，将 zg_1 表添加到查询设计器中。

（2）在查询设计器的各选项卡中进行如下设置：

➤ **字段**：姓名，性别与工资。

➤ **筛选**：工资>600。

（3）单击"常用"工具栏中的"运行"按钮 ！，运行查询，结果如图 14-1 所示。

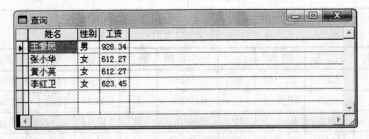

姓名	性别	工资
王爱民	男	928.34
张小华	女	612.27
黄小英	女	612.27
李红卫	女	623.45

图 14-1 查询结果

（4）按 Ctrl+S 组合键，将查询文件以"gz.qpr"名称保存。

此时生成的 SQL 语句如下：

```
SELECT Zg_1.姓名, Zg_1.性别, Zg_1.工资;
  FROM zg_1;
  WHERE Zg_1.工资 > 600
```

三、综合应用

【要求】

利用向导根据表文件 zg_1.dbf 创建表单文件 zgyy.scx，如图 14-2 所示。表单中仅显示职工号、姓名、部门、职称、工资等 5 个字段的信息，表单窗口的标题为"职工信息表单"。

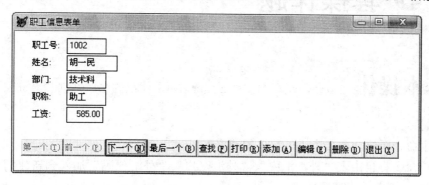

图 14-2 职工信息表单

【操作提示】

（1）单击"常用"工具栏中的"新建"按钮，选择"文件类型"为"表单"，单击"向导"按钮。

（2）选择"表单向导"，单击"确定"按钮，选择 zg_1.dbf 表，以及其中的职工号、姓名、部门、职称、工资等 5 个字段，并设置表单标题为"职工信息表单"。创建结束后，表单如图 14-3 所示。

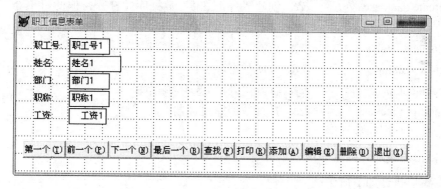

图 14-3 使用表单向导创建的表单

第 **15** 套操作题

一、基本操作

【要求】

（1）用命令新建一个名为"外汇"的数据库。

（2）用命令将自由表"外汇汇率"、"外汇账户"、"外汇代码"加入到新建的"外汇"数据库中。

（3）用 SQL 语句在"外汇"数据库中新建一个数据库表 rate，其中包含 4 个字段"币种 1 代码" C(2)、"币种 2 代码" C(2)、"买入价" N(8，4)、"卖出价" N(8，4)。

（4）将 SQL 语句存储于 one.txt 文本文件中。

【操作提示】

1. 建立数据库

设置默认目录，在命令窗口执行如下命令：

```
create database 外汇      && 创建"外汇.dbc"数据库并打开，但此时不会
                         && 打开数据库设计器
display database         && 查看当前打开的数据库
close database           && 关闭数据库
open database 外汇        && 打开"外汇.dbc"数据库
modify database          && 打开数据库设计器
```

接下来关闭数据库设计器。

2. 把自由表添加到数据库中

在命令窗口执行如下命令：

```
add table 外汇汇率
add table 外汇账户
add table 外汇代码
modi data                && 查看"外汇.dbc"数据库的内容
```

3. 用 SQL 语句建立数据库表

在命令窗口执行如下命令：

```
creat table rate(币种 1 代码 C(2),币种 2 代码 C(2),买入价 N(8,4),卖出价 N(8,4))
modi data                && 查看"外汇.dbc"数据库的内容
```

命令中，字段名与类型之间要有空格

4．将命令窗口中的命令保存到文本文件中

要保存命令窗口中的命令，可执行如下操作：

（1）在命令窗口选中上面输入的 SQL 语句，按 Ctrl+C 组合键，将所选内容复制到剪贴板中。

（2）单击"常用"工具栏中的"新建"按钮□，新建一个文本文件。按 Ctrl+V 组合键，将剪贴板中内容粘贴到编辑窗口。

（3）按 Ctrl+S 组合键，保存文件 one.txt（扩展名不能省略）。

二、简单应用

【要求】

打开"外汇.dbc"数据库，使用查询设计器建立一个查询文件 four.qpr，查询外汇账户中有多少日元和欧元。查询结果包括了外币名称、钞汇标志、金额，结果按外币名称升序排序，在外币名称相同的情况下按金额降序排序，并将查询结果存储于表 five.dbf 中。

【操作提示】

（1）在命令窗口执行如下命令，打开"外汇.dbc"数据库：

    open data 外汇

（2）单击"常用"工具栏中的"新建"按钮□，创建一个新查询，将"外汇账户"和"外汇代码"两个表添加到查询设计器中，并设置如下默认连接条件：

外汇账户.外汇代码=外汇代码.外汇代码

"连接类型"为"内部连接"

（3）在查询设计器的各选项卡中进行如下设置：

➢ **字段**：外汇代码.外币名称，外汇账户.钞汇标志，外汇账户.金额。

➢ **筛选**：外汇代码.外币名称 IN "日元","欧元"。

➢ **排序依据**：外汇代码.外币名称 升序，外汇账户.金额 降序。

（4）单击"常用"工具栏中的"运行"按钮！，运行查询，结果如图 15-1 所示。

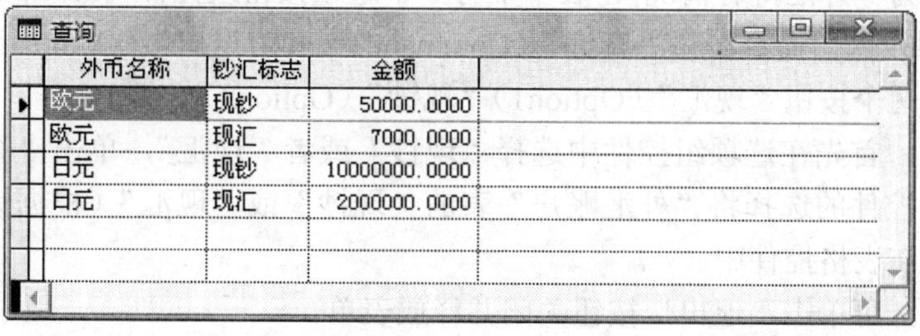

外币名称	钞汇标志	金额
欧元	现钞	50000.0000
欧元	现汇	7000.0000
日元	现钞	10000000.0000
日元	现汇	2000000.0000

图 15-1　查询结果

（5）选择"查询"菜单中的"查询去向"命令，在打开的"查询去向"对话框中单击

"表"按钮，然后输入表名：five，最后单击"确定"按钮。

（6）再次运行查询，此时查询结果将不再显示，而是直接保存到了"five.dbf"表中。

（7）按 Ctrl+S 组合键，将查询文件以"four.qpr"名称保存。

提示

此时生成的 SQL 语句如下：

```
SELECT  外汇代码.外币名称, 外汇账户.钞汇标志, 外汇账户.金额;
    FROM   外汇!外汇账户 INNER JOIN 外汇!外汇代码 ;
      ON   外汇账户.外币代码 = 外汇代码.外币代码;
    WHERE  外汇代码.外币名称  IN ("日元","欧元");
    ORDER BY 外汇代码.外币名称, 外汇账户.金额  DESC;
    INTO TABLE five.dbf
```

三、综合应用

设计一个文件名和表单名均为 myaccount 的表单，其运行画面如图 15-2 所示。

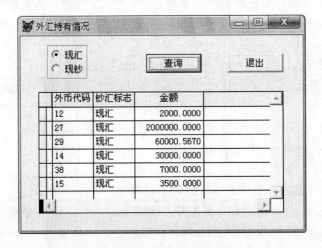

图 15-2 外汇持有情况查询表单

表单的标题为"外汇持有情况"；表单中有一个选项按钮组控件（myOption）、一个表格控件（Grid1）以及两个命令按钮"查询"（Command1）和"退出"（Command2）。其中，选项按钮组控件有两个按钮"现汇"（Option1）"现钞"（Option2）。

运行表单时，首先在选项组控件中选择"现钞"或者"现汇"，单击"查询"命令按钮后，根据选项组控件的选择将"外汇账户"表的"现钞"或"现汇"（根据钞汇标志字段确定）的情况显示在表格控件中。

查询结束后，可单击"退出"按钮关闭并释放表单。

【操作提示】

（1）表单：Name：myaccount；Caption：外汇持有情况。

（2）选项按钮组控件：Name：myOption；Value："""。

> **Option1**：Caption：现汇。
> **Option2**：Caption：现钞。

（3）表格控件 Grid1：RecordSourceType：4 - SQL 说明；RecordSource：（无）。

（4）查询按钮 Command1 的 Click 事件代码如下：

```
t=Thisform.myOption.Value
Thisform.Grid1.RecordSource="SELECT * ;
    FROM 外汇!外汇账户;
    WHERE 外汇账户.钞汇标志 ==alltrim(t) INTO CURSOR temp"
```

（5）退出按钮 Command2 的 Click 事件代码如下：

```
Thisform.Release
```

第 *16* 套操作题

一、基本操作题

【要求】

在考生文件夹下完成如下操作：

（1）新建一个名为"供应"的项目文件。

（2）将数据库"供应零件"加入到新建的"供应"项目文件中。

（3）通过为"零件"表和"供应"表创建索引，使用"零件号"字段为"零件"表和"供应"表建立永久联系（"零件"是父表，"供应"是子表）。

（4）为"供应"表的数量字段设置有效性规则：数量>0.and.数量<9999（即数量必须大于 0 并且小于 9999）；错误提示信息是"数量超范围"。

【操作提示】

1. 创建项目文件并添加数据库

（1）单击"常用"工具栏中的"新建"按钮 ，设置"文件类型"为"项目"，单击"新建文件"按钮，输入项目名：供应。

（2）在项目管理器中展开"数据"项目，单击选择"数据库"，然后单击"添加"按钮并选择"供应零件"数据库。

2. 为表创建索引和永久联系

（1）在项目管理器中选择"供应零件"数据库，单击"修改"按钮，打开数据库设计器。

（2）在数据库设计器中选中"零件"表，选择"数据库"菜单中的"修改"，打开表设计器。

（3）单击"零件号"字段，设置"索引"为升序。打开"索引"选项卡，设置"零件号"索引类型为"主索引"。单击"确定"按钮，确认对表结构的修改。

（4）在数据库设计器中右击"供应"表，从弹出的快捷菜单中选择"修改"，打开表设计器。

（5）单击"零件号"字段，设置"索引"为升序，创建"零件号"普通索引。单击"确定"按钮，确认对表结构的修改。

（6）在数据库设计器中单击"零件"表中的索引"零件号"，按住鼠标左键拖动到"供应"表中的相应索引上，即可在两表之间建立永久联系。

3．为表设置字段有效性规则

打开"供应"表的表设计器，在字段列表中选中"数量"字段，然后在"字段有效性"区域中的"规则"文本框中输入：数量>0.and.数量<9999（也可以用表达式生成器器生成），在"信息"文本框中输入："数量超范围"（双引号不可少）。最后单击"确定"按钮，确认对表结构的修改。

二、简单应用

【要求】

在考生文件夹下完成如下简单应用：

（1）用 SQL 语句完成下列操作：列出所有与"红"颜色零件相关的信息（供应商号，工程号和数量），并将检索结果按数量降序排序存放于表 sup_temp 中。

（2）建立一个名为 m_quick 的快捷菜单，菜单中有两个菜单项"查询"和"修改"，然后在表单 myform 中的 RightClick 事件中调用快捷菜单 m_quick。

【操作提示】

1．创建 SQL 语句

首先在"零件"表中得到所有颜色为"红"的零件号，然后在"供应"表中获得与此零件号相关的零件信息。相应的 SQL 语句如下：

SELECT 供应商号, 工程号, 数量 FROM 供应 ;

  WHERE 零件号 IN (SELECT 零件号 FROM 零件 WHERE 颜色="红") ;

  INTO TABLE sup_temp ORDER BY 数量 DESC

2．创建快捷菜单并指定给表单

首先建立菜单，并生成相应的 mpr 文件，然后在表单中调用它。具体方法如下：

（1）单击"常用"工具栏中的"新建"按钮，设置"文件类型"为"菜单"，单击"新建文件"按钮。

（2）单击"快捷菜单"按钮，在菜单设计器中输入两个菜单项"查询"和"修改"。

（3）按 Ctrl+S 组合键，保存菜单文件为 m_quick.mnx。

（4）选择"菜单"菜单中的"生成"命令，生成菜单程序文件 M_QUICK.MPR，然后关闭菜单设计器。

（5）打开表单 myform.scx，双击表单打开代码窗口，在"过程"下拉列表中选择 RightClick，输入代码：do m_quick.mpr，保存表单并运行。右击表单，应打开前面制作的快捷菜单。

三、综合应用

设计名为 mysupply 的表单（表单的控件名和文件名均为 mysupply），如图 16-1 所示。表单的标题为"零件供应情况"，表单中有一个表格控件和两个命令按钮"查询"（名称为 Command1）和"退出"（名称为 Command2）。

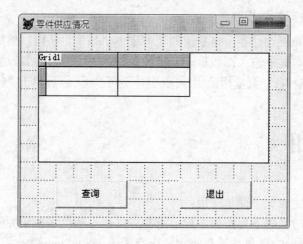

图 16-1 零件供应情况表单

运行表单时，单击"查询"命令按钮后，表格控件（名称 grid1）中显示了工程号"J4"所使用的零件的零件名、颜色、和重量。另外，单击"退出"按钮可关闭表单。

【操作提示】

（1）表格控件 Grid1：RecordSourceType：0 - 表；RecordSource：（无）。

（2）为查询按钮 Command1 的 Click 事件输入如下代码：

```
set safety off
Thisform.Grid1.ColumnCount=-1 && 取消表格内容
select 零件名, 颜色, 重量 from 零件 ;
    where 零件号 in ;
    (select 零件号 from 供应 where 工程号="J4") into table ls
    && 将查询结果保存在表中
Thisform.Grid1.RecordSource="ls"    && 设置表格的数据源为查询结果生成的表
set safety on
```

（3）为退出按钮 Command2 的 Click 事件输入如下代码：

```
Thisform.Release
close all
```

第 *17* 套操作题

一、基本操作题

【要求】

在考生文件夹下完成如下操作：

（1）新建一个名为"图书管理"的项目。

（2）在项目中建立一个名为"图书"的数据库。

（3）将考生文件夹下的所有自由表都添加到"图书"数据库中。

（4）在项目中建立查询 book_qu，查询价格大于等于 10 的图书（book 表）的所有信息，查询结果按价格降序排序。

【操作提示】

1．创建项目和数据库

（1）选择"文件"菜单中的"新建"，设置"文件类型"为"项目"，单击"新建文件"按钮，输入项目文件名"图书管理"。

（2）在项目管理器中展开"数据"项目，单击选择"数据库"，单击"新建"按钮，单击"新建数据库"按钮，输入数据库文件名"图书"，单击"保存"按钮，此时数据库设计器被自动打开。

（3）在数据库设计器中右击，选择"添加表"快捷菜单，将考生文件夹下的所有自由表文件依次添加到数据库中。

2．创建查询

（1）在项目管理器中单击选中"数据库"中的"查询"项目，单击"新建"按钮，在弹出的对话框中单击"新建查询"按钮，

（2）利用打开的"添加表或视图"对话框将 book 表添加到查询设计器中，然后关闭"添加表或视图"对话框。

（3）在查询设计器的各选项卡中进行如下设置：

➢ **字段**：选中 book 表中的全部字段。

➢ **筛选**：book.价格>=10。

➢ **排序依据**：book.价格，降序。

（4）单击"常用"工具栏中的"运行"按钮 ！，运行查询，结果如图 17-1 所示。

（5）按 Ctrl+S 组合键，将查询文件以"book_qu.qpr"名称保存。

查询

索书号	书名	作者	图书登记号	出版社	价格
TP311.13	数据库原理与应用	李昭原	T00101	科学	19.00
TP311.13	数据库原理与应用	李昭原	T00102	科学	19.00
TP.1599	数据库系统原理教程	王珊	T00301	清华	18.50

图 17-1　查询结果

提示

此时生成的 SQL 语句如下：

```
SELECT *;
 FROM 图书!book;
 WHERE Book.价格 >= 10;
 ORDER BY Book.价格 DESC
```

二、简单应用

【要求】

在考生文件夹下完成如下简单应用：

（1）用 SQL 语句完成下列操作：检索"田亮"所借图书的书名、作者和价格，结果按价格降序存入 booktemp 表中。

（2）在考生文件夹下有一个名为 menu_lin 的下拉式菜单，请设计顶层表单 frmmenu，将菜单 menu_lin 加入到该表单中，使得运行表单时菜单显示在本表单中，并在表单退出时释放菜单。

【操作提示】

1．创建 SQL 语句

首先从 book 表中选择书名、作者和价格字段，但这些图书的图书登记号必须满足如下条件：

select 图书登记号 from loans,borrows ;

where loans.借书证号=borrows.借书证号 and borrows.姓名="田亮"

另外，利用 order by 子句可将查询结果按价格降序排列，利用 into table 子句将查询结果输出到 booktemp 表中。完整的 SQL 语句如下：

```
select 书名, 作者, 价格 from book ;
     where book.图书登记号 in ;
     (select 图书登记号 from loans, borrows ;
     where loans.借书证号=borrows.借书证号 and borrows.姓名="田亮") ;
     order by 价格 desc ;
```

into table booktemp

2. 创建带下拉菜单的表单

要在表单中调用下拉菜单，需要以下条件：

（1）表单为顶层表单。

（2）在表单的 init 事件中用 do 菜单程序名.mpr with this 调用菜单。

（3）该菜单的常规选项中必须选中"顶层表单"。

具体实现方法如下：

（1）新建一个表单 frmmenu.scx，在表单的属性窗口中设置 ShowWindow 属性为"2-作为顶层表单"。

（2）双击表单，打开代码编辑窗口，选择表单对象的"init"事件，输入以下代码：

do menu_lin.mpr with this

（3）在本题中菜单程序已做好，不用考虑。

（4）单击工具栏上的"保存"按钮，将表单保存为 frmmenu.scx。

（5）运行表单，观察效果，如图 17-2 所示。

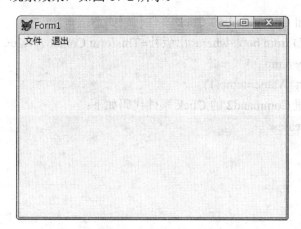

图 17-2　带菜单的表单

三、综合应用

【要求】

设计名为 formbook 的表单（控件名为 form1，文件名为 formbook），如图 17-3 所示。

表单的标题设为"图书情况统计"。表单中有一个组合框（名称为 Combo1）、一个文本框（名称为 Text1）和两个命令按钮"统计"（名称为 Command1）和"退出"（名称为 Command2）。另外，该表单中还有两个标签 Label1 和 Label2。

运行表单时，组合框中有三个条目"清华"、"北航"、"科学"（只有三个出版社名称，不能输入新的）可供选择。在组合框中选择出版社名称后，如果单击"统计"命令按钮，则文本框显示出"图书"表中该出版社图书的总数。查询结束后，可单击"退出"按钮关闭表单。

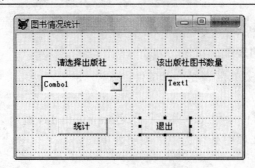

图 17-3 图书统计

【操作提示】

（1）表单控件：Name：Form1；Caption：图书情况统计。

（2）Label1 标签：Caption：请选择出版社；AutoSize：.T.。

（3）Label2 标签：Caption：该出版社图书数量；AutoSize：.T.。

（4）组合框 Combo1：RowSourceType：1-值；RowSource：清华,北航,科学；Style：2-下拉列表框。

（5）"统计"按钮 Command1 的 Click 事件代码如下：

```
select count(*) from book where  出版社=Thisform.Combo1.Value;
     into array temp
Thisform.Text1.Value=temp(1)
```

（6）"退出"按钮 Command2 的 Click 事件代码如下：

```
Thisform.Release
```

第 18 套操作题

一、基本操作题

【要求】

在考生文件夹下完成如下操作：

（1）根据 SCORE 数据库，使用查询向导建立一个含有学生"姓名"和"出生日期"的标准查询 QUERY31.QPR。

（2）从 SCORE 数据库中删除视图 NEWVIEW。

（3）用 SQL 命令向 SCORE1 表插入一条记录：学号为"993503433"、课程号为"0001"、成绩是 99。

（4）打开表单 MYFORM34，向其中添加一个"关闭"命令按钮（名称为 Command1），单击此按钮关闭表单（不能有多余的命令）。

【操作提示】

（1）打开考生文件夹下的"SCORE"数据库，选择"文件"菜单中的"新建"，设置"文件类型"为"查询"，单击"向导"按钮，选择"查询向导"，按照向导提示，选定 student 表的"姓名"和"出生日期"字段，连续单击下一步，最后单击"完成"按钮，将查询保存为"query31.qpr"文件。

（2）执行"modi data"命令，打开数据库设计器，右击 NEWVIEW 视图，在弹出的快捷菜单中选择"删除"，并在弹出的提示对话框中单击"移去"按钮即可。

（3）INSERT 语句的格式如下：

INSERT INTO dbf_name [(fname1 [, fname2, ...])]

    VALUES (eExpression1 [, eExpression2, ...])

本题的命令为：

    INSERT INTO score1(学号,课程号,成绩) VALUES ("993503433","0001",99)

（4）打开 MYFORM34 表单，单击"表单控件"工具栏中的"命令按钮"，然后在表单下方中间位置单击，放置一个命令按钮。修改按钮的 Caption 属性为"退出"，双击该按钮，为该按钮的 Click 事件输入如下命令：

    Thisform.Release

二、简单应用

【要求】

在考生文件夹下完成如下简单应用：

（1）使用 SQL 命令在 SCORE 数据库中创建视图 NEW_VIEW，该视图含有选修了课程但没有参加考试(成绩字段值为 NULL)的学生信息（包括"学号"、"姓名"和"系部"3 个字段）。

（2）建立表单 MYFORM3，在表单上添加表格控件（名称为 grdCourse），并通过该控件显示表 course 的内容（要求 RecordSourceType 属性必须为 0）。

【操作提示】

1. 使用 SQL 语句创建视图

（1）打开考生文件夹下的数据库"SCORE"，在命令窗口中输入下列命令来建立 new_view 视图：

```
CREATE VIEW NEW_VIEW AS select Student.学号, Student.姓名, Student.系部 ;
    FROM score!course INNER JOIN score!score1 INNER JOIN score!student ;
    ON Student.学号 = Score1.学号  ON   Course.课程号 = Score1.课程号 ;
    WHERE Course.课程号  IS NOT NULL AND Score1.成绩  IS NULL
```

2. 创建表单

（1）按 Ctrl+N 组合键，打开"新建"对话框，设置"文件类型"为"表单"，然后单击"新建文件"按钮。

（2）在表单设计器中放置一个表格控件和一个命令按钮控件，并且将表格控件的 Name 属性值修改为：grdCourse，将命令按钮的 Caption 属性值修改为：关闭。

（3）单击"表单设计器"工具栏中的"数据环境"按钮，在弹出的"添加表或视图"对话框中选择 SCORE 数据库中的 course 表，然后单击"添加"按钮和"关闭"按钮。

（4）在表单设计器中单击选中 grdCourse 表格控件，设置其 RecordSourceType 和 RecordSource 属性分别为：0 - 表和 course。

（5）双击"退出"命令按钮，设置其 Click 事件代码为：

```
Thisform.Release
```

（6）将表单以文件名 myform3.scx 保存在考生文件夹下，然后运行表单并观察效果。

三、综合应用

【要求】

利用菜单设计器建立一个菜单 TJ_MENU3，要求如下：

（1）主菜单（条形菜单）的菜单项包括"统计"和"退出"两项。

（2）"统计"菜单下只有一个菜单项"平均"，该菜单项的功能是统计各门课程的平均成绩，统计结果包含"课程名"和"平均成绩"两个字段，并将统计结果按课程名升序保存在表 NEWTABLE 中。

（3）"退出"菜单项的功能是返回 VFP 系统菜单（SET SYSMENU TO DEFAULT）。

菜单建立后，运行该菜单中各个菜单项。

【操作提示】

（1）新建一个菜单文件，创建"统计"和"退出"两个菜单项，并将"统计"菜单项的"结果"设置为"子菜单",将"退出"菜单项的结果设置为"命令"。

（2）单击"退出"菜单项，在"结果"列输入如下命令：

```
SET SYSMENU TO DEFAULT
```

（3）单击"统计"菜单项，在结果列单击"创建"按钮，为该菜单项创建一个"平均"子菜单。

（4）将"平均"菜单项的"结果"设置为"过程"，然后单击"创建"按钮，在过程编辑窗口中输入如下代码：

```
SET TALK OFF    && 在程序工作方式下关闭命令结果的显示
OPEN DATABASE SCORE
SELECT Course.课程名, AVG(Score1.成绩) 平均成绩;
    FROM score!course INNER JOIN score!score1 ;
    ON   Course.课程号 = Score1.课程号;
    GROUP BY Course.课程名;
    ORDER BY Course.课程名;
    INTO TABLE NEWTABLE
CLOSE ALL
SET TALK ON
```

（5）按 Ctrl+S 组合键，保存菜单文件为 TJ_MENU3.MNX。

（6）选择"菜单"菜单中的"生成"，创建菜单程序 TJ_MENU3.MPR。

（7）在命令窗口执行如下命令：

```
do tj_menu3.mpr
```

（8）选择"统计"菜单中的"平均"，计算各门课程的平均成绩。

（9）选择"退出"菜单项，恢复 VFP 的系统菜单。

第 *19* 套操作题

一、基本操作题

在考生文件夹下完成如下操作：

（1）建立数据库 bookauth.dbc，把表 books.dbf 和 authors.dbf 添加到该数据库。

（2）为 authors 表建立主索引，索引名"pk"，索引表达式"作者编号"。

（3）为 books 表分别建立两个普通索引，第一个索引名为"rk"，索引表达式为"图书编号"；第二个索引名和索引表达式均为"作者编号"。

（4）建立 authors 表和 books 表之间的联系。

1. 建立数据库并添加表到数据库中

设置默认目录，单击"常用"工具栏中的"新建"按钮□，创建数据库文件"bookauth.dbc"，并打开数据库设计器窗口。

在数据库设计器空白区右击，从弹出的快捷菜单中选择"添加表"，将"books.dbf"表添加到数据库中。再次执行该操作，将"authors.dbf"表添加到数据库中。

2. 为表创建索引和永久联系

（1）在数据库设计器中选中"authors"表，选择"数据库"菜单中的"修改"，打开表设计器。

（2）单击"作者编号"字段，设置"索引"为"升序"。打开"索引"选项卡，将"作者编号"索引名修改为 pk，将索引类型修改为"主索引"。单击"确定"按钮，确认对表结构的修改。

（3）在数据库设计器中右击"books"表，从弹出的快捷菜单中选择"修改"，打开表设计器。

（4）分别单击选择"图书编号"字段和"作者编号"字段，设置其"索引"均为"升序"。打开"索引"选项卡，向上拖动"图书编号"索引行最左侧的方块，将该索引移至"作者编号"索引的上方。

（5）接下来将"图书编号"索引的索引名修改为 rk，然后单击"确定"按钮，确认对表结构的修改并关闭表设计器。

（6）在数据库设计器中单击"authors"表中的索引"pk"，按住鼠标左键拖动到"books"表中的"作者编号"索引上，即可在两表之间建立永久联系。

二、简单应用

【要求】

在考生文件夹下完成如下简单应用：

（1）打开表单 myform44，把表单（名称为 Form1）标题改为"欢迎您"，将文本"欢迎您访问系统"（名称为 Label1 的标签）的字号改为 25，字体改为隶书。再在表单上添加"关闭"（名称为 Command1）命令按钮，单击此按钮关闭表单。最后保存并运行表单。

（2）设计一个表单 myform4，表单中有两个命令按钮"查询"（名称为 Command1）和"退出"（名称为 Command2）。其中，单击"查询"按钮可查询 bookauth 数据库中出版过三本以上（含三本）图书的作者信息（包括："作者姓名"与"所在城市"），且查询结果按"作者姓"名升序保存在表 newtable 中；单击"退出"按钮可关闭表单。

【操作提示】

1. 修改表单

（1）打开考生文件夹下的 myform44.scx 表单。

（2）更改 Form1 的 Caption 属性为"欢迎您"；选中 Label1 标签，更改 FontSize 属性为 25，FontName 属性为"隶书"。

（3）选择"表单控件"工具栏中的"命令按钮"工具▣，在表单下方中间位置单击，创建一个命令按钮。

（4）将命令按钮的 Caption 属性修改为"关闭"。双击该按钮，打开其 Click 事件代码编辑窗口（默认）。

（5）输入：Thisform.Release，关闭过程编辑窗口。单击"常用"工具栏中的"保存"按钮▣，保存对表单的修改。

2. 创建表单

（1）在 Visual FoxPro 主窗口中按 Ctrl+N 组合键，打开"新建"对话框，设置"文件类型"为"表单"，单击"新建文件"按钮，打开表单设计器。

（2）将光标移至表单下边界，然后向上拖动，减小表单的高度；将光移至右边界，向左拖动，减小表单的宽度。

（3）选择"表单控件"工具栏中的"命令按钮"工具▣，在表单靠左位置单击，创建一个命令按钮 Command1，设置其 Caption 属性值为"查询"，双击 Command1，在打开的代码编辑器窗口中输入以下代码：

```
SELECT Authors.作者姓名, Authors.所在城市 ;
    FROM authors,books ;
    WHERE Authors.作者编号 = Books.作者编号 ;
    GROUP BY Authors.作者姓名  HAVING COUNT(Books.图书编号) >= 3 ;
    ORDER BY Authors.作者姓名 ;
    INTO TABLE newtable
```

（4）使用同样的方法在表单靠右位置再放置一个命令按钮 Command2，设置其 Caption

属性值为"退出"，其 Click 事件代码为：Thisform.Release。

（5）单击"常用"工具栏中的"保存"按钮 ，以文件名 myform4.scx 保存表单，并且保存在考生文件夹中。

（6）单击"常用"工具栏中的"运行"按钮 ，运行表单。单击"查询"按钮，此时应生成 newtable.dbf 表。最后单击"退出"按钮，关闭表单。

三、综合应用

【要求】

在考生文件夹下完成如下综合应用：

（1）首先将 books.dbf 中所有书名中含有"计算机"3 个字的图书复制到表 booksbak 中，以下操作均在 booksbak 表中完成。

（2）复制后的图书价格在原价格基础上降价 5%。

（3）从图书均价高于 25 元（含 25）的出版社中，查询并显示图书均价最低的出版社名称以及均价，查询结果保存在表 newtable1 中（字段名为出版单位和均价）。

【操作提示】

（1）要将 books.dbf 中所有书名中含有"计算机"3 个字的图书复制到表 booksbak 中，可执行如下命令：

```
CLOSE ALL
USE books
SELECT * FROM books WHERE AT("计算机", 书名)>0 INTO TABLE booksbak
USE booksbak
LIST
```

（2）要将价格在原价格基础上降价 5%，可执行如下命令：

```
UPDATE booksbak SET 价格=价格*0.95
LIST
```

（3）查询各个出版社图书的均价并放到临时表中。

```
SELECT 出版单位, AVG(价格) AS 均价 FROM BOOKSBAK ;
    INTO CURSOR cursor1 GROUP BY 出版单位 ORDER BY 均价
```

在临时表中查询均价高于 25 的出版社中均价最低的出版社名称和均价。

```
SELECT * TOP 1 FROM CURSOR1 WHERE 均价>=25 ;
    INTO TABLE newtable1 ORDER BY 均价
```

第 20 套操作题

一、基本操作题

在考生文件夹下的数据库 rate 中完成下列操作：

（1）将自由表 rate_exchange 和 currency_sl 添加到 rate 数据库中。

（2）为表 rate_exchange 建立一个主索引，为表 currency_sl 建立一个普通索引（升序），两个索引的索引名和索引表达式均为"外币代码"。

（3）为表 currency_sl 设定有效性规则："持有数量<>0"，错误提示信息是"持有数量不能为 0"。

（4）打开表单文件 test_form，该表单的运行界面如图 20-1 所示，请修改"登录"命令按钮的有关属性，使其在运行时可以使用。

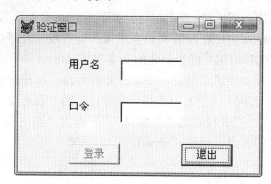

图 20-1　表单示例

1. 打开数据库并添加表

（1）设置默认目录，单击"常用"工具栏中的"打开"按钮📂，打开考生文件夹下的 rate.dbc 数据库。

（2）选择"数据库"菜单中的"添加表（A）"，在弹出的"打开"对话框中选定考生文件夹中的 rate_exchange.dbf 表，然后单击"确定"，即可将表 rate_exchange 添加到 rate 数据库中。使用同样的方法将 currency_sl 表也添加到 rate 数据库中。

2. 为表创建索引和设置字段有效性规则

（1）在数据库设计器中选中表 rate_exchange，选择"数据库"菜单中的"修改"，打开表设计器。

（2）单击"外币代码"字段，设置"索引"为"升序"。打开"索引"选项卡，将"外币代码"索引的索引类型修改为"主索引"。单击"确定"按钮，确认对表结构的修改并关闭表设计器。

（3）在数据库设计器中右击 currency_sl 表，从弹出的快捷菜单中选择"修改"，打开表设计器。

（4）单击选择"外币代码"字段，设置其"索引"为"升序"，创建"外币代码"普通索引。

（5）单击选择"持有数量"字段，在"字段有效性"区域的"规则"编辑框中输入：持有数量<>0，在"信息"编辑框中输入："持有数量不能为 0"（字符串定界符不能省略）。

（6）单击"确定"按钮，确认对表结构的修改并关闭表设计器。

3. 修改表单

打开考生文件夹下的 test_form..scx 表单，单击"登录"命令按钮，将其 Enable 属性值修改为.T.，接着保存表单即可。

二、简单应用

【要求】

在考生文件夹下完成如下简单应用：

（1）用 SQL 语句完成下列操作：列出"林诗因"持有的所有外币名称（取自 rate_exchange 表）和持有数量（取自 currency_sl 表），并将检索结果按持有数量升序排序存储于表 rate_temp 中，同时将你所使用的 SQL 语句存储于新建的文本文件 rate.txt 中。

（2）使用一对多报表向导建立报表。要求：父表为 rate_exchange，子表为 currency_sl，从父表中选择字段：外币名称；从子表中选择全部字段；两个表通过"外币代码"建立联系；按"外币代码"降序排序；报表样式为"经营式"，方向为"横向"，报表标题为："外币持有情况"；生成的报表文件名为 currency_report。

【操作提示】

1. 创建 SQL 语句并保存

```
SELECT Rate_exchange.外币名称, Currency_sl.持有数量;
    FROM currency_sl INNER JOIN rate_exchange ;
    ON Currency_sl.外币代码 = Rate_exchange.外币代码;
    WHERE Currency_sl.姓名 = "林诗因";
    ORDER BY Currency_sl.持有数量;
    INTO TABLE rate_temp.dbf
```

在命令窗口利用拖动方法选中创建的 SQL 语句，按 Ctrl+C 组合键，将其复制到剪贴板中。按 Ctrl+N 组合键，新建一个文本文件，按 Ctrl+V 组合键，将剪贴板中内容粘贴到编辑窗口中。按 Ctrl+S 组合键，保存文本文件 rate.txt（扩展名不能省略）。

2. 创建报表

（1）按 Ctrl+N 组合键，打开"新建"对话框。设置"文件类型"为"报表"，单击"向导"按钮。选择"一对多报表向导",单击"确定"按钮。

（2）从 rate_exchange 表（父表）中选择"外币名称"字段，单击"下一步"按钮，然后选中 currency_sl 表（子表）中的全部字段。

（3）单击"下一步"按钮，设置两表直接的关系为：rate_exchange.外币代码=currency_sl.外币代码。

（4）单击"下一步"按钮，设置排序字段为"外币代码"，排序方式为"降序"。

（5）单击"下一步"按钮，设置报表样式为"经营式"，方向为"横向"。

（6）单击"下一步"按钮，设置报表标题为"外币持有情况"。

（7）单击"预览"按钮，预览报表，如图 20-2 所示。

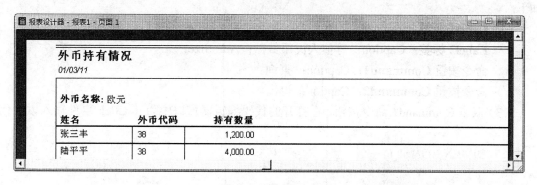

图 20-2　预览报表

（8）单击"完成"按钮，保存生成的报表文件为 currency_report.frx。

三、综合应用

【要求】

设计一个表单名和文件名均为 currency_form 的表单，如图 20-3 所示。

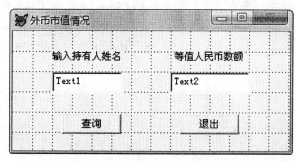

图 20-3　外币市值情况查询表单

其中，表单的标题为"外币市值情况"。表单中有两个标签、两个文本框（Text1 和 Text2）和两个命令按钮"查询"（Command1）和"退出"（Command2）。

运行表单时，在文本框 Text1 中输入某人的姓名，然后单击"查询"，则 Text2 中会显示出他所持有的全部外币相当于人民币的价值数量。

注意

> 某种外币相当于人民币数量的计算公式：人民币价值数量=该种外币的"现钞买入价"×该种外币"持有数量"。

【操作提示】

（1）在 Visual FoxPro 主窗口中按组合键 Ctrl+N，打开"新建"对话框，设置"文件类型"为"表单"，单击"新建文件"按钮，打开表单设计器。

（2）在表单中的合适位置放置两个标签、两个文本框和两个命令按钮，并设置其属性如下：

➢ **Label1 标签**：Caption：输入持有人姓名；AutoSize：.T.。
➢ **Label2 标签**：Caption：等值人民币数额；AutoSize：.T.。
➢ **命令按钮 Command1**：Caption：查询。
➢ **命令按钮 Command2**：Caption：退出。

（3）双击 Command1 命令按钮，在打开的代码编辑器窗口中为其 Click 事件输入以下代码：

```
DIMENSION sl(1)
sl(1)=0
SELECT SUM(Rate_exchange.现钞买入价 * Currency_sl.持有数量);
    FROM Currency_sl INNER JOIN Rate_exchange;
    ON Currency_sl.外币代码 = Rate_exchange.外币代码;
    WHERE Currency_sl.姓名 == ALLTRIM(THISFORM.text1.VALUE);
    GROUP BY Currency_sl.姓名;
    INTO ARRAY sl
THISFORM.text2.Value=sl(1)
```

（4）使用同样的方法，为"退出"命令按钮 Command2 的 Click 的事件输入如下代码：

```
Thisfrom.Release
```

（5）以文件名 currency_form.scx 保存表单，并且保存在考生文件夹中。

第 *21* 套操作题

一、基本操作题

【要求】

在考生文件夹下完成如下操作：

（1）新建一个名为"学生管理"的项目文件。

（2）将"学生"数据库加入到新建的项目文件中。

（3）将"教师"表从"学生"数据库中移出，使其成为自由表。

（4）通过"学号"字段为"学生"和"选课"表建立永久联系（如果必要请先建立有关索引）。

【操作提示】

1．创建项目并添加数据库

（1）设置默认目录，按组合键 Ctrl+N，打开"新建"对话框，设置"文件类型"为"项目"，单击"新建文件"按钮。

（2）输入项目文件名"学生管理"，然后单击"保存"按钮，这样便创建了一个新项目，并且项目管理器被打开。

（3）展开"数据"项目，单击"数据库"项目，然后单击"添加"按钮，将"学生"数据库添加到项目中。

2．编辑数据库

（1）展开数据库，单击选择"学生"数据库，单击"修改"按钮，打开数据库设计器。

（2）在数据库设计器中右击"教师"表，从弹出的快捷菜单中选择"删除"，然后依次单击"移去"和"是"按钮，将"教师"表从数据库中移去。

（3）在数据库设计器中右击"学生"表，从弹出的快捷菜单中选择"修改"，打开表设计器。单击"学号"字段，设置"索引"为"升序"。打开"索引"选项卡，设置"学号"索引类型为"主索引"。单击"确定"按钮，确认对表结构的修改。

（4）在数据库设计器中右击"选课"表，从弹出的快捷菜单中选择"修改"，打开表设计器。单击"学号"字段，设置"索引"为"升序"，创建"学号"普通索引。单击"确定"按钮，确认对表结构的修改。

（5）在数据库设计器中单击"学生"表中的索引"学号"，按住鼠标左键拖动到"选课"表中的相应索引上，即可在两表之间建立永久联系。

二、简单应用

【要求】

在考生文件夹下完成如下简单应用：

（1）用 SQL 语句对自由表"教师"完成下列操作：

➤ 将职称为"教授"的教师新工资一项设置为原工资的 120%，其他教师的新工资与原工资相等。

➤ 插入一条新记录，该教师的信息为：姓名：林红，职称：讲师，原工资：10000，新工资：10200。

➤ 将所使用的 SQL 语句存储于新建的文本文件 teacher.txt 中（两条更新语句，一条插入语句，按顺序每条语句占一行）。

（2）使用查询设计器建立一个查询文件 stud.qpr，查询要求：选修了"英语"并且成绩大于等于 70 的学生的姓名和年龄，查询结果按年龄升序存放于 stud_temp.dbf 表中。

【操作提示】

1. 使用 SQL 语句编辑表并保存 SQL 语句

```
UPDATE 教师 SET 新工资=原工资*1.2 WHERE 职称="教授"
UPDATE 教师 SET 新工资=原工资 WHERE 职称!="教授"
INSERT INTO 教师 VALUES("林红", "讲师", 10000, 10200)
```

接下来在命令窗口中利用拖动方法选中上述 3 条语句，然后按 Ctrl+C 组合键将所选内容复制到剪贴板中。按 Ctrl+N 组合键，新建一个文本文件，按 Ctrl+V 组合键，将剪贴板中内容粘贴到编辑窗口中。按 Ctrl+S 组合键，保存文本文件 teacher.txt（扩展名不能省略）。

2. 创建查询

（1）单击"常用"工具栏中的"新建"按钮，设置"文件类型"为"查询"，单击"新建文件"按钮，创建一个新查询。

（2）在"打开"对话框中单击选择"学生.dbf"表，然后单击"确定"按钮，将该表添加到查询设计器中。

（3）在随后打开的"添加表或视图"对话框中选中"选课"表，然后单击"添加"按钮，将"选课"表添加到查询设计器中。

（4）在"添加表或视图"对话框中选中"课程"表，然后单击"添加"按钮，将"课程"表添加到查询设计器中。

（5）在随后打开的"连接条件"对话框中单击"确定"按钮，确认系统自动设置的如下连接条件：

选课.课程号=课程.课程号

"连接类型"为"内部连接"

（6）在"添加表或视图"对话框中单击"关闭"按钮，关闭"添加表或视图"对话框。

（7）在查询设计器的"字段"选项卡中选择输出字段为：学生.姓名和学生.年龄。

（8）打开"筛选"选项卡，进行如下设置：

字段名	条件	实例	逻辑
课程.课程名称	=	"英语"	AND
选课.成绩	>=	70	

（9）切换到"排序依据"选项卡，选择字段"学生.年龄"作为排序字段，在"排序选项"区选择"升序"。

（10）单击"常用"工具栏中的"运行"按钮 ，运行查询，结果如图21-1所示。

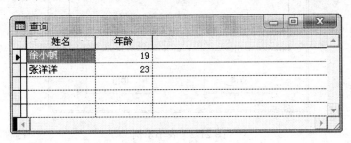

图 21-1　查询结果

（11）选择"查询"菜单中的"查询去向"命令，在"查询去向"对话框中单击"表"，输入表名 stud_temp，然后单击"确定"按钮。

（12）再次运行查询，此时查询结果将被保存到 stud_temp.dbf 表中。

（13）按 Ctrl+S 组合键，将查询文件以"stud.qpr"名称保存。

此时生成的 SQL 语句如下：

```
SELECT 学生.姓名, 学生.年龄;
 FROM   学生!学生  INNER JOIN  学生!选课;
    INNER JOIN  学生!课程 ;
   ON   选课.课程号 = 课程.课程号 ;
   ON   学生.学号 = 选课.学号;
 WHERE  课程.课程名称 = "英语";
   AND  选课.成绩 >= 70;
 ORDER BY  学生.年龄;
 INTO TABLE stud_temp.dbf
```

三、综合应用

【要求】

设计名为 mystu 的表单（文件名为 mystu，表单名为 form1），表单的标题为"计算机系学生选课情况"，如图21-2所示。

表单中有一个表格控件（Grid1）（其 RecordSourceType 属性设置为"4 - SQL 说明"）和两个命令按钮"查询"（Command1）和"退出"（Command2）。

运行表单时，单击"查询"命令按钮，表格控件中将显示计算机系（"系"字段值等于字符 6) 的所有学生的姓名、选修的课程名和成绩。单击"退出"按钮可关闭表单。

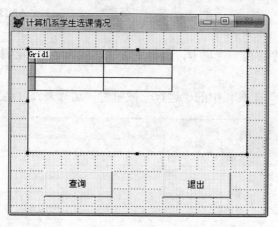

图 21-2 表单示例

【操作提示】

（1）新建一个表单，并在其中放置一个表格控件和两个命令按钮控件。各控件的属性设置如下表所示。

对象	属性	属性值
Form1	Caption	计算机系学生选课情况
Grid1	RecordSourceType	4 - SQL 说明
Grid1	RecordSource	（无）
Command1	Caption	查询
Command2	Caption	退出

（2）为"查询"命令按钮 Command1 的 Click 事件编写如下程序：

```
Thisform.Grid1.ColumnCount=-1 && 取消表格内容
Thisform.Grid1.RecordSource="SELECT 学生.姓名, 课程.课程名称, 选课.成绩 ;
  FROM 学生!课程 INNER JOIN 学生!选课 INNER JOIN 学生!学生 ;
    ON  学生.学号 = 选课.学号 ON 课程.课程号 = 选课.课程号 ;
  WHERE 学生.系 = '6'  INTO CURSOR temp"
```

（3）为"退出"命令按钮 Command2 的 Click 事件编写如下程序：

```
Thisform.Release
```

第 **22** 套操作题

一、基本操作题

【要求】

在考生文件夹下完成如下操作：

（1）建立一个名称为"外汇管理"的数据库。

（2）将表 currency_sl.dbf 和 rate_exchange.dbf 添加到新建立的数据库中。

（3）将表 rate_exchange.dbf 中"买出价"字段的名称改为"现钞卖出价"。

（4）通过"外币代码"字段建立表 rate_exchange.dbf 和 currency_sl.dbf 之间的一对多永久联系（需要首先建立相关索引）。

【操作提示】

1. 创建数据库并添加表

（1）设置默认目录，单击"常用"工具栏中的"新建"按钮 □，创建数据库文件"外汇管理.dbc"，并打开数据库设计器窗口。

（2）选择"数据库"菜单中的"添加表"命令，在弹出的"打开"对话框中选定考生文件夹中的 rate_exchange.dbf 表，然后单击"确定"，即可将表 rate_exchange 添加到"外汇管理"数据库中。使用同样的方法将 currency_sl 表也添加到"外汇管理"数据库中。

2. 修改表结构

在数据库设计器中右击 rate_exchange 表，从弹出的快捷菜单中选择"修改"，打开表设计器，将"买出价"字段名修改为"现钞卖出价"，然后单击"确定"按钮。

3. 为表创建索引

（1）在数据库设计器中选中表 rate_exchange，选择"数据库"菜单中的"修改"，打开表设计器。

（2）单击"外币代码"字段，设置"索引"为"升序"。打开"索引"选项卡，将"外币代码"索引的索引类型修改为"主索引"。单击"确定"按钮，确认对表结构的修改并关闭表设计器。

（3）在数据库设计器中右击 currency_sl 表，从弹出的快捷菜单中选择"修改"，打开表设计器。

（4）单击选择"外币代码"字段，设置其"索引"为"升序"，创建"外币代码"普通索引。单击"确定"按钮，确认对表结构的修改并关闭表设计器。

4．在两表之间建立永久联系

在数据库设计器中单击选中 rate_exchange 表中的索引"外币代码"，按住鼠标左键拖动到表 currency_sl 的"外币代码"的索引上，释放鼠标左键，即可在两表之间建立一对多永久联系。

二、简单应用

【要求】

在考生文件夹下完成如下简单应用：

（1）在建立的"外汇管理"数据库中利用视图设计器建立满足如下要求的视图：

① 视图按顺序包含列 Currency_sl.姓名、Rate_exchange.外币名称、Currency_sl.持有数量和表达式 Rate_exchange.基准价 * Currency_sl.持有数量。

② 按"Rate_exchange.基准价 * Currency_sl.持有数量"降序排序。

③ 将视图保存为 view_rate。

（2）使用 SQL SELECT 语句完成一个汇总查询，结果保存在 results.dbf 表中，该表含有"姓名"和"人民币价值"两个字段（其中"人民币价值"为每人持有外币的"Rate_exchange.基准价 * Currency_sl.持有数量"的合计），结果按"人民币价值"降序排序。

【操作提示】

1．创建视图

（1）选择"文件"菜单中的"打开"，打开"外汇管理"数据库。

（2）在数据库设计器的空白区右击，从弹出的快捷菜单中选择"新建本地视图"。

（3）单击"新建视图"按钮，分别在"添加表或视图"对话框中单击选择 rate_exchange 表和 currency_sl 表，并单击"添加"按钮，然后单击"关闭"按钮。

（4）在"字段"选项卡中分别将 Currency_sl.姓名、Rate_exchange.外币名称、Currency_sl.持有数量字段添加到"选定字段"列表中。

（5）单击"函数和表达式"编辑框右侧的三点按钮，打开"表达式生成器"，构建表达式：Rate_exchange.基准价 * Currency_sl.持有数量，然后单击"添加"按钮，将该表达式添加到"选定字段"列表中。

（6）打开"排序依据"选项卡，将表达式"Rate_exchange.基准价 * Currency_sl.持有数量"添加到"排序条件"列表中，然后在"排序选项"区单击选中"降序"单选钮。

（7）单击"常用"工具栏中的"运行"按钮，查看视图内容，结果如图 22-1 所示。

（8）按 Ctrl+S 组合键，将视图保存为 view_rate，然后关闭视图设计器。

2．编写 SQL 语句

```
SELECT Currency_sl.姓名, ;
    SUM(Rate_exchange.基准价 * Currency_sl.持有数量) AS 人民币价值 ;
    FROM rate_exchange INNER JOIN currency_sl;
    ON Rate_exchange.外币代码 = Currency_sl.外币代码;
    GROUP BY Currency_sl.姓名;
```

ORDER BY 2 DESC;
INTO TABLE results

姓名	外币名称	持有数量	Exp_4
李寻欢	欧元	30000.00	26872800.000000
李寻欢	加元	30000.00	16169700.000000
张三丰	澳元	24000.00	11853120.000000
林诗因	澳元	23000.00	11359240.000000
张三丰	日元	1000000.00	6984800.000000
张三丰	瑞士法郎	10000.00	6025600.000000
陆平平	欧元	4000.00	3583040.000000
林诗因	美元	3200.00	2648800.000000
陆平平	美元	3000.00	2483250.000000
张无忌	港币	18000.00	1909620.000000
张无忌	美元	2200.00	1821050.000000
林诗因	英镑	1300.00	1659190.000000
张无忌	加元	3000.00	1616970.000000
陆平平	加元	3000.00	1616970.000000
张无忌	英镑	1000.00	1276300.000000
林诗因	加元	2000.20	1078087.798000
张三丰	欧元	1200.00	1074912.000000
陆平平	港币	4000.00	424360.000000

图 22-1　视图内容

三、综合应用

【要求】

设计一个如图 22-2 所示的表单，用户可以在文本框中输入姓名，单击"查询"按钮，将在表格中显示该人所持有的外币名称和数量。同时，查询结果还将存储在以姓名命名的表文件中，如"张三丰.dbf"。

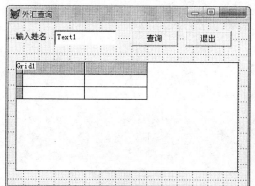

图 22-2　外汇查询表单

创建好表单后，分别查询"林诗因"、"张三丰"和"李寻欢"所持有的外币名称和持有数量。另外，所有控件的属性必须在表单设计器的属性窗口中设置，表单文件名为"外汇浏览"。

【操作提示】

（1）标签控件 Label1：Caption：输入姓名；AutoSize：.T.。

（2）"查询"按钮 Command1：Caption：查询；"退出"按钮 Command2：Caption：退出。

（3）表格控件 Grid1：RecordSourceType：0－表；RecordSource：（无）。

（4）设置"查询"按钮的 Click 事件代码如下：

```
SET TALK OFF
SET SAFETY OFF
a=ALLTRIM(Thisform.Text1.Value)
SELECT Rate_exchange.外币名称, Currency_sl.持有数量;
    FROM 外汇管理!rate_exchange INNER JOIN 外汇管理!currency_sl;
    ON Rate_exchange.外币代码 = Currency_sl.外币代码;
    ORDER BY Currency_sl.持有数量;
    WHERE Currency_sl.姓名==a;
    INTO TABLE (a)
Thisform.Grid1.RecordSource="(a)"
SET TALK ON
SET SAFETY ON
```

（5）设置"退出"按钮的 Click 事件代码如下：

```
Thisform.Release
CLOSE TABLES ALL
```

第 23 套操作题

一、基本操作题

【要求】

在考生文件夹下完成如下操作：

（1）用 SQL INSERT 语句插入元组（"p7", "PN7", 1020）到"零件信息"表（注意不要重复执行插入操作），并将相应的 SQL 语句存储在文件 one.prg 中。

（2）用 SQL DELETE 语句从"零件信息"表中删除单价小于 600 的所有记录，并将相应的 SQL 语句存储在文件 two.prg 中。

（3）用 SQL UPDATE 语句将"零件信息"表中零件号为"p4"的零件的单价更改为 1090，并将相应的 SQL 语句存储在文件 Three.prg 中。

（4）打开菜单文件 mymenu.mnx，然后生成可执行的菜单程序 mymenu.mpr。

【操作提示】

（1）设置默认目录。

（2）INSERT INTO 零件信息 VALUES("p7","PN7",1020)。

（3）DELETE FROM 零件信息 WHERE 单价<600。

（4）UPDATE 零件信息 SET 单价=1090 WHERE 零件号="p4"。

（5）双击考生文件夹下的 mymenu.mnx，在菜单设计器环境下，选择"菜单"菜单中的"生成"命令，然后在"生成菜单"对话框中指定菜单程序文件的名称和存放路径，最后单击"生成"按钮。

二、简单应用

【要求】

在考生文件夹下完成如下简单应用：

（1）modi1.prg 程序文件中 SQL SELECT 语句的功能是查询目前用于三个项目的零件（零件名称），并将结果按升序存入文本文件 results.txt。给出的 SQL select 语句中在第 1、3、5 行各有一处错误，请改正并运行程序（不可以增、删语句或短语，也不可以改变语句行）。

SELECT 零件名称 FROM 零件信息 WHERE 零件号 = ;
   (SELECT 零件号 FROM 使用零件;
   GROUP BY 项目号 HAVING COUNT(项目号) = 3) ;
   ORDER BY 零件名称 ;

IN FILE results

（2）根据项目信息（一方）和使用零件（多方）两个表，利用一对多报表向导建立一个报表，报表中包含项目号、项目名、项目负责人、电话，以及使用的零件号和数量等6个字段，报表按项目号升序排序，报表样式为经营式，在总结区域（细节及总结）包含零件使用数量的合计，报表标题为"项目使用零件信息"，报表文件名为report。

【操作提示】

1. 程序改错

本题是一个程序修改题，其正确内容如下：

```
SELECT 零件名称 FROM 零件信息 WHERE 零件号 IN;
    (SELECT 零件号 FROM 使用零件;
    GROUP BY 零件号 HAVING COUNT(项目号) = 3);
    ORDER BY 零件名称;
    TO FILE results
```

2. 创建报表

（1）单击"常用"工具栏中的"新建"按钮 □，设置"文件类型"为"报表"，单击"向导"按钮，选择"一对多报表向导"，单击"确定"按钮。

（2）将"项目信息"表作为父表，选择其中的全部字段；单击"下一步"按钮，将"使用零件"作为子表，选择其中的"零件号"和"数量"字段。

（3）单击"下一步"按钮，设置表之间的关系为：项目信息.项目号=使用零件.项目号。

（4）单击"下一步"按钮，设置排序字段为"项目号"，排序方式为"升序"。

（5）单击"下一步"按钮，设置报表样式为"经营式"。

（6）单击"总结选项"按钮，打开"总结选项"对话框，选中"细节及总结"单选钮，以及"数量"行和"求和"列交叉处的复选框，如图23-1所示。

图 23-1　设置报表"总结选项"

（7）单击"确定"按钮，关闭"总结选项"对话框。单击"下一步"按钮，设置报表标题为"项目使用零件信息"。

（8）单击"预览"按钮，预览生成的报表，如图23-2所示。单击"完成"按钮，将报表保存为 report.frx 文件。

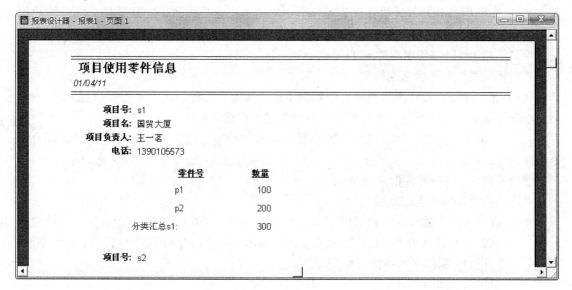

图 23-2 预览报表

三、综合应用

【要求】

按如下要求完成综合应用（所有控件的属性必须在表单设计器的属性窗口中设置）：

（1）根据"项目信息"、"零件信息"和"使用零件"三个表建立一个查询（注意表之间的连接字段），该查询包含项目号、项目名、零件名称和数量四个字段，并要求先按项目号升序排序、再按零件名称降序排序，保存的查询文件名为 chaxun。

（2）打开前面创建的查询文件 chaxun.qpr，将查询去向设置为临时表，然后将查询另存为 chaxun1.qpr。

建立一个表单，表单名和文件名均为 myform，表单中含有一个表格控件 Grid1，该表格控件的数据源是前面建立的查询 chaxun1；然后在表格控件下面添加一个"退出"命令按钮 Command1，要求命令按钮与表格控件左对齐、并且宽度相同，单击该按钮时关闭表单。

【操作提示】

1. 创建查询

建立查询文件的方法有两种，一是用查询设计器来建立查询；二是用 SQL 命令来建立查询。其中，利用查询设计器来建立查询的方法如下：

（1）单击"常用"工具栏中的"新建"按钮□，设置"文件类型"为"查询"，单击"新建文件"按钮，创建一个新查询。

（2）在"打开"对话框中单击选择"项目信息.dbf"表，然后单击"确定"按钮，将该表添加到查询设计器中。

（3）在随后打开的"添加表或视图"对话框中单击"其他"按钮，选择"使用零件.dbf"

表，然后单击"确定"按钮，将"使用零件"表添加到查询设计器中。

（4）在随后打开的"连接条件"对话框中单击"确定"按钮，确认系统自动设置的如下连接条件：

项目信息.项目号=使用零件.项目号

"连接类型"为"内部连接"

（5）在"添加表或视图"对话框中再次单击"其他"按钮，选中"零件信息.dbf"表，然后单击"确定"按钮，将"零件信息"表添加到查询设计器中。

（6）在随后打开的"连接条件"对话框中单击"确定"按钮，确认系统自动设置的如下连接条件：

使用零件.零件号=零件信息.零件号

"连接类型"为"内部连接"

（7）在"添加表或视图"对话框中单击"关闭"按钮，关闭"添加表或视图"对话框。

（8）在查询设计器的"字段"选项卡中选择输出字段为：项目信息.项目号、项目信息.项目名、零件信息.零件名称和使用零件.数量。

（9）切换到"排序依据"选项卡，选择字段"项目信息.项目号"作为排序字段，在"排序选项"区选择"升序"；选择字段"零件信息.零件名称"作为排序字段，在"排序选项"区选择"降序"

（10）单击"常用"工具栏中的"运行"按钮 ，运行查询，结果如图23-3所示。

项目号	项目名	零件名称	数量
s1	国贸大厦	PN2	200
s1	国贸大厦	PN1	100
s2	长城饭店	PN3	400
s2	长城饭店	PN1	300
s3	昆仑饭店	PN3	350
s3	昆仑饭店	PN2	28
s4	京城大厦	PN5	200
s4	京城大厦	PN4	154
s5	渔阳饭店	PN3	120
s6	五洲酒店	PN4	270
s6	五洲酒店	PN2	430

图23-3 查询结果

（11）按Ctrl+S组合键，将查询文件以"chaxun.qpr"名称保存。

此时生成的SQL语句如下：

```
SELECT 项目信息.项目号, 项目信息.项目名, 零件信息.零件名称,;
    使用零件.数量;
```

```
    FROM   项目信息 INNER JOIN 使用零件;
       INNER JOIN 零件信息 ;
      ON   使用零件.零件号 = 零件信息.零件号 ;
      ON   项目信息.项目号 = 使用零件.项目号;
    ORDER BY 项目信息.项目号, 零件信息.零件名称 DESC
```

2. 创建表单

（1）打开前面创建的查询文件 chaxun.qpr，选择"查询"菜单中的"查询去向"，将查询去向设置为"临时表"，表名为"Chaxun"（默认），然后将查询另存为 chaxun1.qpr。

（2）单击"常用"工具栏中的"新建"按钮，设置"文件类型"为"表单"，单击"新建文件"按钮，创建一个新表单。也可在命令窗口执行命令：CREA FORM myform 来创建新表单。

（3）在表单中新建一个表格和一个命令按钮，然后按下表所示设置各控件的相关属性，结果如图 23-4 所示。

对象	属性	属性值
Form1	Name	myform
	Caption	项目使用零件信息
Grid1	RecordSourceType	3 - 查询（.QPR）
	RecordSource	chaxun1
Command1	Caption	退　　出

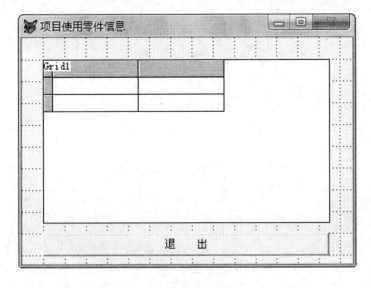

图 23-4　设计表单

（4）双击命令按钮，为其 Click 事件编写如下程序：

```
Thisform.Release
```

（5）保存表单文件为 myform.scx，然后运行表单，结果如图 23-5 所示。

图 23-5 表单运行效果

第 24 套操作题

一、基本操作题

【要求】

在考生文件夹下已有 customers（客户）、orders（订单）、orderitems（订单项）和 goods（商品）四个表。

在考生文件夹下完成如下操作：

（1）创建一个名为"订单管理"的数据库，并将已有的 customers 表添加到该数据库中。

（2）利用表设计器为 customers 表建立一个普通索引，索引名为 bd，索引表达式为"出生日期"。

（3）在表设计器中为 customers 表的"性别"字段设置有效性规则，规则表达式为：性别$"男女"，出错提示信息是："性别必须是男或女"。

（4）创建一个程序 pone.prg，利用 INDEX 命令为 customers 表建立一个普通索引，索引名为 khh，索引表达式为"客户号"，索引存放在 customers.cdx 中。

【操作提示】

1．创建数据库并添加表

（1）设置默认目录，单击"常用"工具栏中的"新建"按钮□，创建数据库文件"订单管理.dbc"，并打开数据库设计器窗口。

（2）选择"数据库"菜单中的"添加表"命令，在弹出的"打开"对话框中选定考生文件夹中的 customers.dbf 表，然后单击"确定"，即可将表 customers 添加到"订单管理"数据库中。

2．为表创建索引并设置字段有效性规则

（1）在数据库设计器中右击 customers 表，从弹出的快捷菜单中选择"修改"，打开表设计器。

（2）打开"索引"选项卡，输入索引名 bd，设置索引表达式为"出生日期"。

（3）打开"字段"选项卡，单击选择"性别"字段，在"字段有效性"区中的"规则"编辑框中输入：性别$"男女"，在"信息"编辑框中输入："性别必须是男或女"。

（4）单击"确定"按钮，确认对表结构的修改并关闭表设计器。

3．创建程序

新建一个程序文件，输入下列命令语句。

USE customers

INDEX ON 客户号 TAG khh

按 Ctrl+S 组合键，保存程序名为 pone.prg，然后运行程序。

二、简单应用

【要求】

（1）在考生文件夹下创建表单文件 formone.scx，如图 24-1 所示，其中包含一个标签 Label1、一个文本框 Text1 和一个命令按钮 Command1。

图 24-1　按出生日期查询客户表单

按图 24-1 所示执行如下操作：

① 设置表单、标签和命令按钮的 Caption 属性。

② 设置文本框的 Value 属性值为表达式 Date()。

③ 设置"查询"按钮的 Click 事件代码，使得表单运行时单击该按钮能够完成如下查询功能：从 customers 表中查询指定日期以后出生的客户，查询结果依次包含姓名、性别、出生日期三项内容，各记录按出生日期降序排序，查询去向为表 tableone。

④ 最后运行该表单，查询 1980 年 1 月 1 日以后出生的客户。

（2）向名为"订单管理"的数据库（在基本操作题中建立）添加 orderitems 表，然后在数据库中创建视图 viewone，利用该视图可以从 orderitems 表查询统计各商品的订购总量，查询结果依次包含商品号和订购总量（即所有订单对该商品的订购数量之和）两项内容，各记录按商品号升序排序。最后利用该视图查询视图中的全部信息，并将查询结果存放在表 tabletwo 中。

【操作提示】

1. 创建表单

（1）在命令窗口执行"CREA FORM formone"命令，新建一个表单，按题目要求添加控件并修改控件的属性，然后将 customers 表添加到数据环境中。

（2）将 Text1 的 Value 属性设置为"＝date()"，编写"查询"按钮的 Click 事件代码如下：

```
x=Thisform.Text1.Value
SELECT Customers.姓名, Customers.性别,Customers.出生日期  FROM customers;
    WHERE Customers.出生日期>=x;
    ORDER BY Customers.出生日期  DESC;
    INTO TABLE tableone.dbf
```

（3）保存并运行表单，在文本框中输入"1/1/1980"，然后单击"查询"按钮，并查看表单的运行结果。

2. 创建视图与查询

（1）打开考生文件夹下的"订单管理"数据库，在数据库设计器空白处右击，从弹出的快捷菜单中选择"添加表"命令，将 orderitems 表添加到数据库中。

（2）在数据库设计器空白处右击，从弹出的快捷菜单中选择"新建本地视图"，然后单击"新建视图"。

（3）在"添加表或视图"对话框中选中 orderitems 表，单击"添加"按钮，将该表添加到视图设计器中。然后单击"关闭"按钮，关闭"添加表或视图"对话框。

（4）在"字段"选项卡中将字段"Orderitems.商品号"和表达式"SUM(Orderitems.数量) AS 订购总量"添加到"选定字段"列表中。

（5）在"排序依据"选项卡中选择按"Orderitems.商品号"升序排序记录。

（6）在"分组依据"选项卡中选择按"Orderitems.商品号"分组记录。

（7）单击"常用"工具栏中的"运行"按钮，查看视图内容，结果如图 24-2 所示。

商品号	订购总量
A1001	5
A1002	4
A1004	1
A1005	2
A1006	8
A1008	1
A1009	1
B1002	1
B1003	2
B1004	1
C1001	3
C1002	8
C1003	7
C1004	2
C1006	8
C1007	2

图 24-2　视图内容

（8）按 Ctrl+S 组合键，将视图保存为 viewone。

（9）新建一个查询文件，将新建的 viewone 视图添加到新建的查询中，输出其中的全部字段，设置查询去向为表"tabletwo"，保存并运行查询。

三、综合应用

【要求】

在考生文件夹下创建一个顶层表单 myform.scx（表单的标题为"考试"），然后创建并在表单中添加菜单（菜单的名称为 mymenu.mnx，菜单程序的名称为 mymenu.mpr）。表单运行效果如图 24-3 所示。

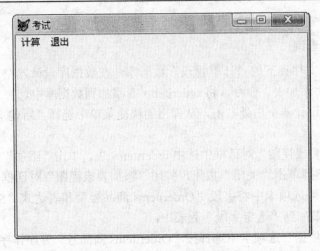

图 24-3 带菜单的表单

（1）菜单命令"计算"和"退出"的功能都通过执行过程完成。

（2）菜单命令"计算"的功能是根据 orderitems 表和 goods 表中的相关数据计算各订单的总金额（一个订单的总金额等于它所包含的各商品的金额之和，每种商品的金额等于数量乘以单价），并将计算的结果填入 orders 表的相应字段中。

（3）菜单命令"退出"的功能是释放并关闭表单。

最后，请运行表单并依次执行其中的"计算"和"退出"菜单命令。

【操作提示】

（1）新建一个表单，修改表单的 Caption 为"考试"，ShowWindow 属性为"2 - 作为顶层表单"。

（2）双击表单空白处，编写表单的 Init 事件代码：

DO mymenu.mpr WITH THIS

（3）新建一个菜单，选择"显示"菜单中的"常规选项"命令，在弹出的"常规选项"对话框中勾选"顶层表单"复选框。

（4）输入菜单项"计算"和"退出"，结果均选择"过程"，然后单击两个菜单项后面的"创建"按钮，分别编写如下代码。

① "计算"菜单项中的命令代码

```
SELECT Orderitems.订单号, SUM(Orderitems.数量*Goods.单价) AS 总金额;
 FROM   订单管理!orderitems INNER JOIN goods ;
   ON   Orderitems.商品号 = Goods.商品号;
 GROUP BY Orderitems.订单号;
 ORDER BY Orderitems.订单号;
 INTO TABLE temp.dbf
CLOSE ALL
SELE 1
USE temp
INDEX ON  订单号  TO ddh1
```

```
    SELE 2
    USE orders
    INDEX ON  订单号  TO ddh2
    SET RELATION TO  订单号  INTO A
    DO WHILE .NOT.EOF()
        REPLACE  总金额  WITH temp.总金额
        SKIP
    ENDDO
    BROW
```

② "退出"菜单项中的命令代码

```
    myform.Release
```

（5）保存菜单文件为 mymenu.mnx 并生成可执行菜单程序 mymenu.mpr。

（6）保存表单文件为 myform.scx 并运行。

附理论训练题答案

第 1 单元

一、选择题

1~5	ABCAA	6~10	BDACB	11~15	BCBCC	16~20	DBCBD
21~25	DCDAA	26~30	CCCAD	31~35	BDDCD	36~40	BBDDD
41~45	CDCCC	46~50	DCAAD	51~55	ADCAD	56~60	CBCAC
61~65	DBBCA	66~70	CCDCB	71~75	CAABB	76~80	ABBCB
81~85	CDAAB	86~87	DD				

二、填空题

多对一	关系（或二维表）	多对多	选择	自由表
数据库管理系统	菱形	连接	分量	关系
数据定义语言	数据库管理系统	实体集	数据库管理系统	
元组	关系			

第 2 单元

一、选择题

1~5	DBABB	6~10	ADBDC	11~15	DDDAA	16~20	CCDCA
21~25	BABBB	26~30	BDADC	31~35	BACCB	36~40	DABBB
41~45	ABCDD	46~50	BBCCB	51~55	CBCAB	56~60	AACAA
61~65	DBAAC	66~69	BDDC				

二、填空题

{^2009-03-03} 或 {^2009.03.03} 或 {^2009/03/03}				日期时间型
"1234 "	.T.	2	数值型(N)	局部变量

第 3 单元

一、选择题

1~5	BBCBA	6~10	ADABD	11~15	BCADC	16~20	DBBAC
21~25	BBCCB	26~27	AD				

二、填空题

EMP.fpt	不能	PACK	MODIFY STRUCTURE	当前

第4单元

一、选择题

1~5 AADAC	6~10 ABAAB	11~15 BCCAC	16~20 CAACC
21~25 ADADD	26~30 CBDCA	31~35 CBDDB	36~40 DDACA
41~45 CCDDD	46~50 CCDBC	51~55 BABAB	56~60 ACCBD
61~65 DDCDC	66~70 CBDCC	71~75 ADCBC	76~80 ABBCB
81~85 DBCBD	86~90 BADCC	91~95 DACCC	

二、填空题

课号	实体	域	COUNT( )	身份证号	忽略
数据库	.T.	REPLACE ALL	TO	主	逻辑

第5单元

一、选择题

1~5 BDDDD	6~10 DCCAB	11~15 CBDBA	16~20 DDBDD
21~25 BDBDB	26~30 DCADA	31~35 BDDCD	36~40 BACDC
41~45 CACCD	46~47 CD		

二、填空题

do queryone.qpr   DROP VIEW MYVIEW   视图   远程   更新条件
ORDER BY ORDER BY

第6单元

一、选择题

1~5 BDAAD	6~10 ADDAB	11~15 DBCBD	16~20 DBCDB
21~25 DACAD	26~30 CADAA	31~35 CADAD	36~40 ADCBD
41~45 DDCDA	46~50 BCADB	51~55 DBAAC	56~60 AACDB
61~65 BABAB	66~70 DAADA	71~75 DBBAB	76~80 BADDC
81~85 BADAB	86~90 BCCAB	91~95 CACBC	96~100 CBBAD
101~105 CBCCB	106~110 ACACB	111~114 ADDA	

二、填空题

DISTINCT	SET CHECK	HAVING	SET CHECK	
PRIMARY KEY	HAVING	AVG（成绩）	全部	INTO CURSOR
GROUP BY	DISTINCT	LIKE	PRIMARY KEY	AGE IS NULL
IS NULL	GROUP BY	UPDATE	TOP 10	DESC
ALTER	INTO DBF 或 INTO TABLE		.NULL.	COLUMN
UNION	查询（数据查询）		SUM(工资)	INSERT INTO

第7单元

一、选择题

1~5 BBABB	6~10 DBBBB	11~15 ACCDD	16~20 ABAAC
21~25 BACAB	26~30 BDBBD	31~35 ABCDB	36~40 ADBBA
41~45 ACCCB	46 C		

二、填空题

9　　　顺序结构　　prg　　　数据库系统　　　LOCAL　　　KROW　　　代码

第8单元

一、选择题

1~5 DDACC	6~10 CABCA	11~15 DBBBD	16~20 ACDBB
21~25 ABCAC	26~30 CACDA	31~35 DDDDD	36~40 CDBDC
41~45 BABDC	46~50 BBCAD	51~55 DDABB	56~60 BDCDA
61~65 BBCBD			

二、填空题

.F.　　　零　　　多　　　Load　　　Click　　　1　　　Value

.T.　　　布局　　Enabled　　Passwordchar

第9单元

一、选择题

1~5 BCCBA	6~10 DACBA	11~13 ACB

二、填空题

DO mymenu.mpr　　　Rightclick

第10单元

一、选择题

1~5 CBDBB	6~10 ADDBC	11~15 CABCD

二、填空题

MODIFY.　　　标签

第11单元

一、选择题

1~5 DCCAB

二、填空题

　　排除　　　　　　EXE

第 12 单元

一、选择题

　1~5　CCBDA　　　　6~10　CDBDC　　11~15　ADDBC　　　16~20　ADCAB

　21~25　ABADC　　　26~30　ADBAC　　31~35　BBACC　　　36~40　ABDBC

　41~45　ABBAD　　　46~50　BCAAD　　51~55　BDACD　　　56~60　ACDDA

二、填空题

A,B,C,D,E,F,5,4,3,2,1	15	19	24	栈
EDBGHFCA	14	16	63	线性结构
45	顺序存储结构	白盒	程序	逻辑判断	需求分析
单元	过程	逻辑设计	输出	无歧义性	路径覆盖
开发	数据字典	黑盒	3	程序调试	类
静态分析（静态测试）	物理独立性			